图说芦笋栽培与病虫害防治

孙 茜 乜兰春 主编

中国农业出版社

主　　编　孙　茜　乜兰春

副 主 编　杨大俐　潘文亮　袁章虎　刘绪法

　　　　　郝企信　孟祥法

编　　委（以姓氏笔画为序）

　　　　　王　芳　王永波　朱玉华　刘彦民

　　　　　刘秋艳　乔丽霞　孙梦鸿　杜宏伟

　　　　　李　亚　李　楠　李秀舫　杨　平

　　　　　杨凤书　何铁柱　罗双霞　周　琴

　　　　　胡奕文　郝淑芳　郭志强　徐金茹

　　　　　黄自鹏　董秀英　董秀清　潘　阳

序言

我院孙茜等研究员请我给他们写的《无公害蔬菜栽培实战丛书》作一序言。看完她的书稿后，我内心非常恐慌，深深感到盛名之下，其实难副。我虽被人称作研究农业推广的专家，但是，没有种过设施蔬菜，没有实战经验和体会，也不知怎么才能为农民排忧解难，更上升不到研究的高度。既然应允，又必须写点东西，猛然想起我当过农民，了解农民对科学技术的渴求，知道什么样的书对他们最有用。教科书是写给需要系统学习的学生读的，而实战书是写给要解决问题的人看的，我一点也不会种大棚菜，看完这套书后会不会种呢？我看后认为，我能够会。为什么会呢？因为这套丛书有以下几个特点：

1.专家把自己看作是农民，从农民的需求出发而作。农民多没有系统知识，农民要面对问题、解决问题。该书所写的某种蔬菜市场前景，品种介绍，如何育苗，如何整地备播，如何进行温度、光照、肥水、风口管理，如何整枝留瓜，如

何应对灾害性天气，如何诊断病害、虫害、肥害、盐害，怎么抗击涝灾、旱灾，怎样采收上市等等，这些都是种菜农民所急需的。由此看，作者是换位思考而写出的书，所以会受到广大农民群众的大大欢迎。

2.图文并茂、适宜文化素质参差不齐的农民劳动者看。务农劳动者是一个特殊的人群，素质参差不齐，多数需要看图识字，照方抓药。该书用图说话，将高深的科学道理蕴涵在简单的图片中，且这些图片是作者多年深入实际自己实地拍照的，极具有代表性，农民也好比照。这是科普图书的典型之作，也是需要广大的农业科技工作者和推广工作者学习的，农民需要的是科技的“三字经”，而不是高深理论。

3.这套书看似简单，恰恰是需要科学家所做的工作。看了中央电视台的大师讲科普节目，我常想什么是科学家，科学家需要把问题简单化。科学家不是不食人间烟火，科学家需要写出高水平论文，占领科技的制高点。同时，科学家也应该将自

己的工作告知大众。尤其是农业科技工作者，应该把自己的论文写在大地上。

孙茜研究员二十几年在基层钻大棚、进温室、下田间、访农户、查病虫、搞培训，积累了大量的第一手资料，汇集成册并编辑出版了这套丛书。它不仅满足了广大菜农的需求和心愿，而且也给我们农业科技和推广人员提供了一套优秀培训教材，我为这套书的出版叫好！同时，也希望农业科技人员多出这样的精品。

河北省农林科学院院长　王慧军

2008年5月

编者的话

芦笋学名叫石刁柏，如图1，为宿根性多年生草本植物，以嫩茎供食，具有极高的营养保健价值，其嫩茎中含有多种活性成分，具有防癌、抗癌、降低血脂、预防冠心病等功效，也是抗疲劳、增强体力的营养滋补品，在国际上享有“蔬菜之王”的美称。在日本、东南亚及欧美等地，芦笋是不可替代的营养蔬菜和高级营养保健食品。目前，我国已成为世界第一芦笋生产大国。

图1　即将上市的芦笋

1.芦笋的食用和药用价值

芦笋营养十分丰富，每百克鲜芦笋嫩茎蛋白质含量高达3.4克，是白菜的3倍，番茄、黄瓜及桃的4倍；胡萝卜素（维生素A的前体）的含量是苹果的10倍，葡萄、白菜的19倍；维生素B_1的含量是苹果、桃的24倍，白菜、梨的12倍；维生素B_2的含量是苹果、桃、葡萄的36倍；维生素C的含量是梨的13倍，黄瓜、桃的8.5倍；芦笋中钙的含量是4种水果的5～10倍；铁的含量是4种水果的几十倍；芦笋中碘的含量也较高。

芦笋还具有极高的药用保健价值。国内外研究表明：芦笋中含有大量活性物质，如芦丁、皂甙、维生素E、天门冬氨酸、天门冬酰胺、叶酸以及多种甾体皂甙物质和微量元素硒、钼、锰等。其作用主要有：①可抑制肿瘤细胞生长；②可预防和治疗高血压、心脏病、膀胱炎、肾炎及水肿等疾病；③消除疲劳和增强体力；④清除人体内代谢过程中产生的有毒物质，提高人体的免疫力，还可提高人体对由汞、砷、镉引起的毒害作用的抗性。

2.市场对芦笋的需求

20世纪80年代以前，世界芦笋主要生产国集中在欧美等发达国家和地

区，如美国、法国、荷兰、西班牙、加拿大、墨西哥、日本及中国的台湾等。进入20世纪80年代后，经济发达国家和地区的劳动力价格不断上升，从事农业劳动的人数不断减少，一些发达国家芦笋生产面积大幅度下降，产量降低。而国际市场对芦笋的需求量则有增无减。因此，一些发展中国家将芦笋作为重要的经济作物进行栽培，种植面积迅速扩大。

20世纪90年代以来，由于芦笋的药用价值不断被研究证实和新品种品位的改善，在全球兴起了新的芦笋消费潮流。芦笋在日本、东南亚及欧美各国已成为不可替代的高级营养蔬菜和保健食品。在发达国家，一方面销量逐年上升，另一方面产量却由于土地和人工因素而逐渐下降。很多芦笋出口国变为进口国。据国际芦笋协会统计，国际市场上每年需要量达50万吨左右，而且以每年5%～10%的速度增长。

不仅国际市场上芦笋供不应求，随着国内人们保健意识的增强，中国国内芦笋市场也日益扩大，年消费芦笋10万～12万吨。2005年北京新发地批发市场4月份芦笋的日批发量为5万千克，比2002年同期增长4.3倍。

3.芦笋的经济价值和深加工潜力

芦笋种子在播种后2～3年内形成鳞茎盘，每年春季，从鳞茎盘上部，抽出许多嫩茎，这就是通常食用的芦笋。芦笋是多年生的经济作物，采收期很长，一般可达1年以上。播种定植后，第二年即可采收。优良的芦笋杂交一代种第二年每667米^{2}即可采收鲜绿芦笋150～200千克。第三年、第四年每亩鲜笋产量可达600～1 000 千克，各地曾出现每亩纯效益5 000～8 000元的典型。

芦笋的嫩茎和幼嫩枝叶还可以加工制成多种保健食品，如芦笋粉、芦笋汁、芦笋可乐、芦笋酒、芦笋茶、芦笋脯、芦笋面条、芦笋饼干、玉米芦笋方便粥等。

芦笋中的皂甙、芦丁等生物活性成分在制药及保健品行业具有广阔的应用前景，因此芦笋在深加工方面潜力巨大。

芦笋植株各部分都有利用价值，芦笋的果实成熟后含糖量很高，可以用来酿酒。种子和储藏根可作为药用。植株地上部分枯黄以后，仍含有较多的营养成分。据研究将其植株粉碎后添加到奶牛的饲料中，对增进奶牛的产奶量有一定的作用。芦笋嫩茎加工后的残渣也是良好的养猪饲料。因此，芦笋不仅是一种具有较高药用价值、低热量、高营养的保健蔬菜，而且有很广阔的综合利用前景。

4.芦笋的社会生态效益

芦笋植株本身具有很好的观赏性。其枝叶常绿不衰，可用于制作插花等。

由于芦笋根系发达，抗旱能力极强，可起到防风固沙的作用。目前，有些地方已开展这方面的尝试，并取得了较好的效果和经济效益。因此，发展芦笋生产不仅可获得良好的经济效益，而且具有很好的生态效益，这对我国当前进行西部大开发具有非常重要的意义，是帮助农民脱贫致富的一个好项目。

5.芦笋的分类

常见的商品芦笋有白芦笋（图2）和绿芦笋之分（图3）。白芦笋栽培历史较长，栽培过程中需培土，使嫩茎在土壤中生长，不见阳光，从而形成洁白的嫩茎。白芦笋以加工制成罐头为主。绿芦笋生产中不需培土，嫩茎出土后在日光下变为绿色。绿芦笋以鲜食为主。近年来，随着人们的消费习惯从过去吃罐头转向吃新鲜食品，绿芦笋在国际市场的销量逐年增加，加之绿芦笋的营养价值、风味和口感优于白芦笋，而栽培过程又比白芦笋省工省时，因此，绿芦笋的栽培面积逐年增加，特别是芦笋新产区大多栽培绿芦笋。

芦笋在中国栽培历史短，绿芦笋栽培的时间更短。随着芦笋营养价值被人们所认识，市场需求迅速扩大，芦笋种植面积近几年发展非常迅速，仅河北种植面积就从1 334万米^{2}发展到6 670万米^{2}以上，并且发展为集种植、收购、保鲜、深加工、出口一条龙的产业体系。但是芦笋栽培水平仍较落后，病

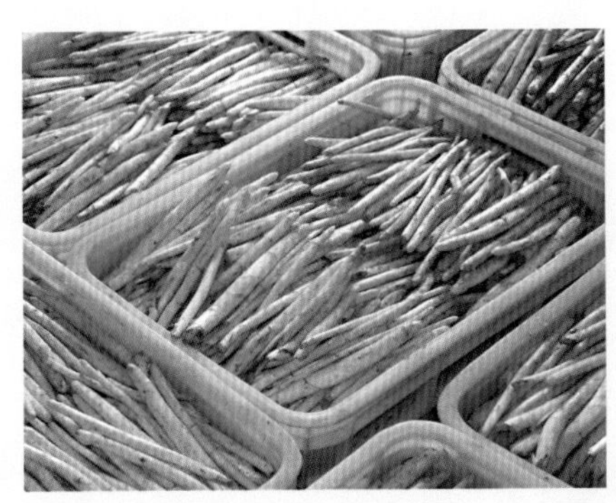

图2　白芦笋

图3　绿芦笋

虫害防治中低残留、安全用药的技巧尚不够，各地栽培技术、产量、品质、经济效益参差不齐，有些产区由于管理粗放或管理不当，病害严重，产量低，品质和效益差。本书作者结合近年来的研究和实践，以看图说话的形式介绍了品种的选择、培育优质壮苗、定植、田间管理、采收、病虫害综合防治等芦笋高效栽培新技术和病虫害防治新技术。希望对笋农生产有所帮助，对生产一线推广人员或种植基地的技术员有所借鉴。

目 录

一、芦笋的生物学特性

（一）芦笋的形态特征

芦笋为百合科天门冬属多年生宿根草本植物。在寒、温带地区，每年秋末地上部枯萎，地下部休眠越冬。芦笋的地下部有地下茎、鳞芽群和根系；地上部有茎、拟叶、叶、花、果等。

1.根　芦笋为须根系，根群十分发达，纵向、横向分布均可达2～3米，但纵向大多数分布在离地表15～50厘米的土层内，据报道，定植当年秋季，1.5米行距的相邻两行间的根群就已交错在一起，随着株龄的增长，根群逐步扩大。芦笋的根分为初生根、贮藏根和吸收根。

(1) 初生根：初生根也叫种子根，是随种子发芽产生的根，短而细，寿命较短。

(2) 贮藏根：芦笋种子发芽后，向下长根，向上长茎，在根与茎连接处形成短缩的地下茎，即鳞茎。鳞茎盘下方着生肉质根，就是贮藏根，如图4。贮藏根直径4～6毫米，长度1～3米。鳞茎盘不断扩展，贮藏根也随着增加。据调查，芦笋幼苗定植后第二年，鳞茎盘直径2～3厘米，贮藏根达30～40条，如图5。贮藏根寿命较长，可达5～6年，在不受伤的情况下，可不断延伸生长，在寒冷地区，贮藏根冬季休眠，第二年春天继续生长，最长可达3米。

贮藏根既起运输水分和养分的作用，也是芦笋的养分贮藏器官，地上部光合作用制造的营养贮藏于贮藏根，上一年地上部休眠之前贮藏根贮藏营养的多少，决定着来年春天芦笋嫩茎的产量。因此，在育苗移栽、中耕培土过程中一定要注意保护根系。

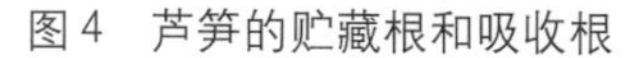

图4　芦笋的贮藏根和吸收根

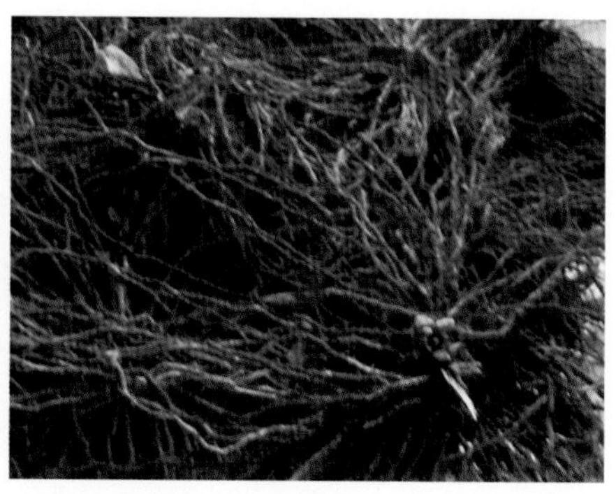

图5　二年生芦笋的根系

（3）**吸收根**：在贮藏根表面着生的白色纤细根是吸收根，见图4。起吸收土壤养分和水分的作用。吸收根的寿命只有一年，每年重新发生。

2.茎　芦笋的茎分为地下茎和地上茎。

（1）**地下茎**：芦笋种子发芽后，随着幼苗的生长，在初生根与茎连接处产生突起，形成地下茎。地下茎是一种高度短缩的变态茎，有许多节，节间极短，也叫鳞茎。芦笋的地下茎不断扩展，但其生长不是按照一个方向直线延伸，而是逐步形成多个生长点向不同方向伸长，从而产生分歧现象。芦笋地下茎生长点年伸长量为3~5厘米。

图6　芦笋的鳞芽

芦笋地下茎下方的分生组织形成贮藏根，上方的分生组织形成由鳞片（退化叶）包裹的芽体，即鳞芽，如图6。鳞芽群集发生，形成鳞芽群。鳞芽的多少和健壮程度直接决定着芦笋的产量。当年秋季，芦笋鳞芽越多，芽子越饱满健壮，第二年春季生长的嫩茎越多，产量越高。

(2) **地上茎**：芦笋地下茎上的鳞芽在条件适宜时萌发长出地面，形成地上茎。地上茎依成长度又分为嫩茎和母茎。

嫩茎　地上茎20厘米左右时，组织脆嫩多汁，适时采收即为通常食用的“芦笋”。嫩茎在出土前培土，使其在采前生长过程不见光，采后的嫩茎即为“白芦笋”。嫩茎出土后不培土，在阳光下嫩茎变为绿色，即为绿芦笋。

芦笋嫩茎粗壮，直径一般1.0～2.5厘米，嫩茎上有许多鳞芽，由鳞片包裹。嫩茎下部和中部鳞芽稀疏，顶部鳞芽密集，形成笋头，如图7。笋头鳞芽是否生长，鳞片抱合是否紧密是评价芦笋质量的重要指标之一。

母茎　嫩茎长到30厘米左右时，若不及时采收，任其生长，笋头便开始松散，腋芽萌动，迅速形成侧枝、亚侧枝及拟叶等，形成繁茂的地上茎。芦笋的地上茎一般高度在1.5米以上，有的可达2米以上。

拟叶是芦笋的变态枝，从叶腋丛生出来，形似针状。芦笋地上茎的主茎、侧枝、亚侧枝和拟叶都含有大量的叶绿素，进行光合作用，制造营养并贮藏于地下贮藏根中，因此生产中又将充分生长的地上茎称为“母茎”，如图8。

图8　芦笋的母茎

图7　芦笋的嫩茎

3.叶 芦笋的真叶已退化为三角形薄膜状的鳞片，前面提到的嫩茎上包裹鳞芽的鳞片（图7）就是芦笋的叶，在嫩茎阶段起保护腋芽和茎尖的作用，它的大小和包裹的紧实度是区别芦笋品种和嫩茎质量的重要依据。鳞片基本不含叶绿素，不进行光合作用，失去了叶子的正常生理功能，随着地上茎的生长，着生在分枝处的鳞片自行脱落。

图9 芦笋的花

4.花 芦笋为雌雄异株，雄花和雌花都发生在成株主茎的鳞片腋节处。单生或簇生，花黄色、钟状，有6枚花萼和花瓣，虫媒花，如图9。

芦笋在开花前不易区分雌雄株，只有在开花后才能根据花的类型区分雌雄株。雌花较粗短，打开花瓣，内有发育正常的一枚雌蕊，雄蕊退化。雄花较细长，打开花瓣，内有发育正常的6枚雄蕊，雌蕊退化。

在自然群体中，有极少数花，具有发育正常的6枚雄蕊和1枚不完全退化的雌蕊，这种花称为两性花，有一定的结实率。具有两性花的植株称为雄性雌型株。

图10 芦笋雌株上的嫩果

5.果实和种子 芦笋的果为圆球形浆果，嫩果绿色，如图10，成熟后红色，如图11和图12。芦笋果实由果皮、果肉和种子三部分组成。

果实内有3室，每室可结2粒种子，每果所结种子数受授粉状况和植株营养状

图 11　芦笋成熟的果实

图 12　红色的芦笋果实

况影响，为1～6粒不等。

芦笋成熟的种子为黑色，如图13。背面圆，有脐，一面平，呈半球形；坚硬而光滑；每克种子为40～50粒。种子生命力强，寿命达4～5年，但生产上一般均选用1～2年的新种子。

图 13　黑色的芦笋种子

6.雌株和雄株　芦笋分雌、雄株，雌、雄株在形态、生长特性、嫩茎产量等方面也有差异。雄株分枝早，分枝节位低，开花早，一般比雌株早1个月左右。雌株分枝晚，分枝节位高，开花较晚。雄株枝叶繁茂，不结种子，积累的养分多，发茎数多，因而雄株嫩茎产量高，据资料报道，雄株产量比雌株高20%～30%；雌株枝叶稀疏，由于结果消耗养分，母茎易倒伏（图14），萌发的嫩茎数也少，产量低于雄株，但雌株的嫩茎较粗。

图 14　雌株结果后倒伏状

（二）芦笋的栽培特性

1.芦笋的生命周期 芦笋栽种一次，可生长10～20年，在这期间，要经历幼苗期、幼年期、成年期和衰老期。

幼苗期 从种子发芽出土到定植为芦笋的幼苗期。幼苗期一般需要2～3个月，如图15。幼苗前期生长缓慢，直到长出第二支茎后，生长才逐渐加快，一般有5～7支地上茎时定植。

图15 适于定植的芦笋幼苗

幼年期 从定植到定植后的2～3年。这一时期整个株丛迅速向四周扩展。根系迅速生长，形成庞大的根系；地下茎向四周延伸，形成大量鳞芽；地上茎一年比一年高大、繁茂，最终高度、粗度达到最大值。如图16为幼年期的芦笋。这一时期是为成年期高产奠定基础的时期，应根据植株生长情况，适度采笋。我国南方有的可在定植当年适量采笋，北方一般要在定植第二年才可适量采笋，但这一时期应以生长为主。

图16 幼年期的芦笋

成年期 芦笋定植2～3年之后，进入生命周期中生长最旺盛的时期成年期，地上茎大量抽出，枝叶繁茂，如图17。地下茎继续扩展，形成鳞芽群。地下肉质根大量增加。产量达到最高峰，这一时期是芦笋的丰产期，在正常管理水平下可持续8～12年。但这一时期持续的长短，受管理水平、病虫为害、过度采收等因素影响很大。管理粗放、病

图 17　成年期的芦笋

图18　粗放管理提前进入衰老期的笋田

虫害重，或过度采收都会缩短芦笋的成年期，使衰老期提前到来，如图18。

衰老期　芦笋生长到一定年限后，长势减弱，地上茎抽出的速度变慢，地上茎高度和粗度下降，嫩茎产量降低，品质下降，栽培的经济效益降低，直至失去栽培价值，如图19。进入衰老期的笋田，应尽快进行淘汰更新。

图 19　衰老期的笋田

2.芦笋的年生长周期　在热带或亚热带地区，芦笋地上部全年常绿，年生长周期不明显；而在我国北方和其他寒冷

图20 北方春天抽发萌动的嫩茎

图21 可采收的标准芦笋嫩茎

图22 芦笋母茎的生长状

地区，随着外界自然环境条件的不断变化，芦笋的年生长周期有两个明显不同的阶段，即生长期和休眠期。

（1）**生长期**：从当年春季嫩茎开始抽发（图20），到秋冬地上部枯黄为生长期。在我国北方，这一阶段又可分为以采笋为主的采笋期和以母茎生长为主的母茎生长期。

采笋期　从春季嫩茎长出开始采收到采收停止。春季当地温上升到10℃左右时，嫩茎开始抽发；地温上升到15℃以上时，嫩茎大量产生。春笋品质好，所以，北方地区以采收春笋为主。当嫩茎长到适宜标准时即行采收，如图21。采收期的长短因植株长势和营养状况而异，上一年长势好、营养积累充分的植株一般可采收到6月份。

母茎生长期　从停止采收留母茎开始到秋冬地上部枯黄。停止采收后，萌生嫩茎迅速生长，侧枝展开，形成高大的母茎，如图22。母茎进行光合作用，积累营养，并贮藏于地下根茎中，这一阶段积累营养的多少直接影响第二年的产量。

（2）**休眠期**：从秋冬地上部枯黄到第二年早春幼芽萌动为

图23 休眠期的芦笋地上部枯死状

休眠期。芦笋进入休眠期后，地上部全部枯死，如图23，地下茎不再延伸，贮藏根停止生长，维持最低限度的呼吸作用。在我国北方自然条件下，山东、山西、河北芦笋的休眠期大约4～5个月，辽宁及其以北地区约5～6个月。在此期间，可以利用拱棚、日光温室等设施增温保温，使其提前结束休眠，萌芽生长，从而使采笋期提前，供应淡季。

3.芦笋对环境条件的要求

温度　芦笋适应性非常强，既耐寒又耐热，温度在 －36～36 ℃之间的地区都可以种植，目前国内除西藏、青海两个省没有种植外，其他各省均有种植，主要集中在黄淮流域的鲁、豫、苏、冀、晋、陕等省。

芦笋种子发芽最低温度为10℃，最适温为25℃。生长期间适应的最低温度为5℃，最高为38℃。当15厘米地温10℃时，鳞芽和根系开始活动，15～25℃时，萌发的嫩茎多，质量好，30℃时嫩茎生长速度最快，但嫩茎变细，易散头，易老化，品质下降。据报道，芦笋地上光合作用的适宜温度是16～20℃，20 ℃时光合作用产物积累量比30℃时多，超过30℃，光合产物积累减少，甚至会没有光合产物的积累，自然会使地下根茎中营养物质减少，鳞芽减少，影响产量。

光照　芦笋喜光，地上部繁茂，母茎生长期间要保证充足的光照，充分发挥其光合效能，为来年嫩茎的生长积累充足的营养。因此，笋田要注意合理密植，通风透光，郁闭条件下不仅易发生病害，也影响地上部的光合作用。

水分　芦笋耐旱，不耐涝，不同生长阶段对土壤水分的要求不同。

幼苗期，特别是刚刚出土的幼苗，由于吸收根吸收能力弱，要求土壤湿润。苗床土壤干旱，不利于出苗和幼苗生长。

定植后的芦笋地下根系迅速生长、扩展，吸水能力增强，贮藏根内含有大量水分，遇旱有一定的自我调节能力。而且芦笋的拟叶为针状、地上茎和拟叶表面都有一层蜡质，地上部蒸腾量小。所以定植后的芦笋特别是进入成年期的芦笋耐旱。据报道，芦笋生长适宜的土壤持水量为20%～30%，当土壤含水量低于16%时，要及时浇水。特别是采笋期间，要适当提高土壤含水量，土壤过干，嫩茎变细不易抽发，易散头、老化，因此，采笋期应注意保持适宜含水量。

芦笋不耐涝，怕土壤积水。若生长在地下水位高、地势低洼和排水不良的地块，一旦遭受涝害，地下根、茎遭到水泡，会因缺氧而窒息腐烂，导致整株死亡。多雨年份，空气湿度大，芦笋病害严重。

土壤　芦笋对土壤要求不十分严格，但以富含有机质、疏松透气、土层深厚、地下水位低、排水良好的沙质壤土或壤土最为适宜，pH以6～6.7为宜。

矿质营养　试验表明，在各种元素中芦笋对钾的吸收最多。嫩茎对氮、磷、钾、钙、镁吸收比例为3.33∶1∶4.77∶0.52∶0.23。芦笋植株在采笋期积累较多的氮、钾及微量元素锌、铜。母茎生长期积累较多的磷、钾、钙、镁、铁、锰，同时，也积累较多的氮。芦笋为喜氯作物，很多研究表明，增施含氯肥料，可提高芦笋生长势，增加产量。

二、芦笋产品的类型与优良品种

（一）芦笋产品的类型

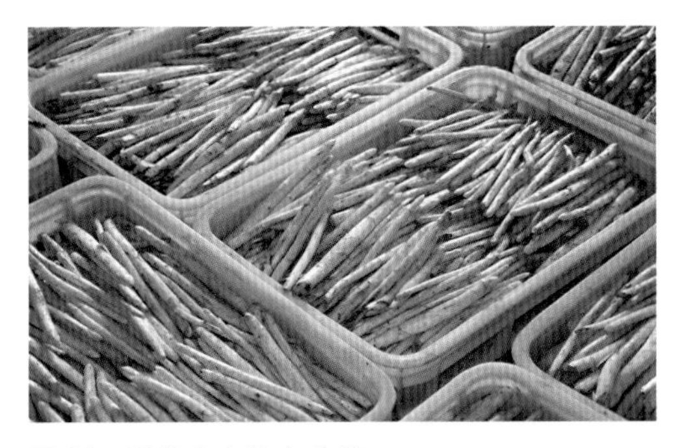

图 24　即将上市的白芦笋

按嫩茎的色泽来区分，芦笋有白芦笋(图24)、绿芦笋(图25）和紫芦笋。

白芦笋是在嫩茎出土前进行培土覆盖，使嫩茎尽量在黑暗的土壤中生长，不见阳光，也不进行光合作用，因此嫩茎的色泽洁白。白芦笋一般加工成罐头出口。

图 25　即将上市的绿芦笋

绿芦笋则不进行培土覆盖，让其暴露在日光之下，形成绿色嫩茎。因此，绿芦笋和白芦笋是因栽培技术不同，嫩茎生长环境不同而产生的。紫芦笋是特殊类型，嫩茎出土后为紫色，如图26，味道较甜，品质较好。这种类型的芦笋品种较少。

绿芦笋和紫芦笋主要用于鲜销、速冻，也可用于罐藏加工。绿芦笋和紫芦笋苦涩味小，风味好，营养成分也高于白芦笋，栽培管理省工，劳动生产率较高。因此生产面积不断扩大。

图26 绿芦笋与紫芦笋的区别

（二）芦笋优良品种

芦笋为多年生植物，产品以外销为主。近年来，国际市场对芦笋质量要求越来越高，因此，选择产量高、品质好、抗病虫能力强的优良品种是芦笋生产持续高效发展的前提和保障。但当前芦笋生产中用种较混乱，种子质量参差不齐，这种现象已成为芦笋高效生产的限制因素。

近年来，我国从国外引进了大量杂交一代及全雄杂交一代品种，比较好的品种有从美国引进的阿波罗（Apollo）、格兰蒂（Grande）、泽西巨人（Jersey giant）、泽西骑士（Jersey kinght）、紫色激情（Purple passion）等；从新西兰引进的太平洋2000（Pacific 2000）、太平洋紫芦笋（Pacific purple）、特来蜜（Taramea）等。同时我国的科研人员也积极开展了芦笋育种工作，如山东潍坊市农科院中国芦笋研究中心育成了一代杂交种冠军等。

1.阿波罗 F_1（Applo F_1） 杂交一代种。植株萌芽较早，长势中等，如图27，芦笋的颜色呈暗绿色，第一分枝高度为40.2厘米，嫩茎包头较紧，呈圆筒形，笋头较尖，鳞片紧紧包着芦笋，使芦笋表面很光滑，嫩茎较粗，大小均匀，如图28。嫩茎多汁，微甜，质地细嫩，纤维含量少，口感较好。抗病力较强，对

图27 阿波罗两年生长势

图 28 阿波罗笋头

图 29 一年生格兰蒂长势

镰刀菌引起的病害、锈病和其他病害有很好的抗性。产量较高。适合于绿色芦笋栽培。供种单位：美国加利福尼亚州芦笋种子公司。

2.格兰蒂（Grande） 该品种为双交杂交一代种。植株高大，健壮。嫩茎肥大，整齐，多汁，微甜，质地细嫩，纤维含量少。第一分枝高度49.0厘米，顶部鳞片抱合紧密，笋顶圆形，在高温下也不易散头。嫩茎色泽浓绿，长圆形，有蜡质，外形好，品质佳，在国际市场上极受欢迎，是出口的最佳品种。抗病能力较强，不易染病，对锈病高抗，对根腐病、茎枯病有较高的耐性。植株前期生长势中等，如图29，成年期生长势强，抽生嫩茎多，产量高，质量好，一、二级品率可达80%。是20世纪90年代推广的一种高产、优质芦笋新品种。美国加利福尼亚州大学选育。

图30 一年生冠军长势

图31 正在出土的紫色激情嫩茎(陈自觉摄)

图32 生长势强壮的三年生泽西骑士

3.冠军 植株生长旺盛，叶色浓绿，笋条直，均匀粗大，直径在1.2～2.0厘米范围内的占95%，是可与国外杂交种相媲美的白、绿两用型品种。抗茎枯病能力强，如图30。在国内推广面积较大。山东省潍坊市农业科学院最新育成的杂交品种。

4.紫色激情(Purple passion) 美国加利福尼亚州芦笋种子公司育成的第一个多倍体紫芦笋品种。顶端略呈圆形，鳞片包裹紧密，嫩茎紫罗兰色，即使培覆土中不见日光，顶端也呈淡紫色或紫红色，如图31。第一分枝高度64.6厘米，在高温下散头率较低。抗病性好，但易受害虫袭击。植株生长势中等，单枝粗壮，但抽茎较少，枝丛活力中等，起产比较晚，休眠期较长。嫩茎粗大，多汁，微甜，质地细嫩，纤维含量少，滋味鲜美，气味浓郁，没有苦涩味，含有丰富的维生素、蛋白质、糖分和其他营养成分，生食口感极佳。是高级饭店、餐馆十分走俏的生食蔬菜品种。较高产。是20世纪90年代初推广的一种产量高品质优的新品种。

5.泽西骑士(Jersey kinght) 是绿白兼用的全雄品种，供绿芦笋栽培更优。植株生长势强，如图32，枝丛活力较高。嫩茎绿色较深，粗且均匀，整齐一致，顶端较圆，鳞片包裹紧密，第一分枝高度为48.2厘米，散头率较低，质地细腻、略有苦味。起产较晚，抗病性较强，对叶枯病、锈病高抗，较耐根腐病、茎枯病。耐湿性较好。是20世纪80年代推广的优良品种。由美国新泽西芦笋试验场育成。

6.泽西巨人(Jersey giant) 为美国育种专家育成的全雄系F_1代种。植株长势旺，耐干旱，适应性强，第一分枝高度为53.0厘米，嫩茎顶端鳞片抱合紧密，不易散头，产品合格率高。产量高，抗锈病力强，并耐根腐病。该品种在加拿大、新西兰、日本及英国等地推广栽培。

7.太平洋2000（Pacific 2000） 绿芦笋品种。该品种生长整齐，植株生长势强，第一分枝较高，鳞片包裹紧密，在高温下散头率较低，休眠期短，早生性好。抗性强，尤其对叶枯病、根腐病表现出高抗。抽茎较多，单茎粗细均匀，适合速冻加工。该品种喜肥喜水。成年笋产量高，该品质好，商品价值高。由新西兰太平洋芦笋有限公司育成。

8.特来蜜（Taramea） 杂交一代早熟品种。该品种株型比较高大，生长势比较旺盛，适应性比较强，丰产性较好。嫩茎头部圆锥形，顶部鳞片抱合紧凑，比较粗壮，大小均匀整齐，质地细腻，口感好。对根腐病、茎枯病具有较强的耐性。适宜作绿芦笋栽培，在我国北方栽培或其他地区温室栽培丰产性比较好，是一种优质、高产优良品种。由新西兰芦笋育种专家培育。

9.杰立姆（Gijnlim） 荷兰优质绿芦笋F_1代全雄品种。植株高大，生长势强，抗逆性好，丰产性好。春季鳞芽萌动较早，休眠期较短，中早熟品种。单株嫩茎抽发数多，粗细适中，笋条顺直，整齐一致，畸形笋少，色泽纯正，商品率高。第一分枝高度为46.0厘米，顶部鳞片抱合紧密，顶芽长圆，略呈紫色，鳞片稍密，不易散头。嫩茎多汁，微甜，质地细嫩，纤维含量少，口感较好。抗病性较好，对叶枯病、锈病较抗，较耐根腐病、茎枯病。耐湿性较好。

10.加州157 F_1（UC157F_1） 由美国加利福尼亚州大学本森教授育成的杂交种。植株长势中等，嫩茎较整齐，粗细一致，产量中等。嫩茎顶部较圆，粗细适中，平均茎粗1.46厘米，整齐，质地细嫩，纤维含量少。笋头平滑光亮，顶端微细，鳞芽包裹的非常紧密，高温时不易散头，外形与品质均佳，在国际市场上深受欢迎，是速冻出口的较理想品种。UC157F_1适应性广，能适应在较大的区域范围内种植。但该品种抗病能力较弱，易染叶枯病、锈病，对根腐病、茎枯病无抵抗能力。植株前期生长势中等，成年期生长势较强。

（三）购买芦笋种子应注意的问题

1.一定从正规渠道购买种子 芦笋为多年生蔬菜，一经种植，其采收期少则7～8年，多则10～15年，品种更新困难。切忌贪图一时便宜而选用假劣种子，否则笋田还没有进入旺产期就因植株衰弱和病害等原因不得不毁种，损失惨重，如图33。建议笋农从正规渠道选用杂交一代新品种或全雄杂交一代新品种。其实，芦笋一次种植，每667米^{2}用种量40～50克，选用优良品种每667米^{2}投资300～500元，可采收多年，平均到每年的种子投资并不比其他作物高。

图33 种植劣质种子的芦笋田第三年呈生长衰弱

2.谨防常规品种或二代种 我国最早栽培的绿芦笋品种如UC800、UC157等多为常规品种或二代种。常规品种和二代种产量低、品质差、病害严重，且品种混杂，苗期长，经济效益低，这些在国外早已被淘汰的品种目前在我国芦笋种子市场中仍占有相当大的比例，杂交一代种子与混杂种从外观难以区分，如图34。

3.谨防假劣种子 由于我国芦笋育种起步晚，又因芦笋为多年生、雌雄异株等特点，新品种选育年限长，自主育成的品种很少。因此，我国芦笋生

图 34　芦笋种子

产用种多年来主要依靠进口。由于进口优良杂交一代种子每磅（约450克）大约3 000～5 000元人民币，种子价格昂贵。一些不法商贩利用笋农想降低生产成本的心里，用假冒伪劣的种苗上市，甚至从生产田采收种子售卖。芦笋种苗市场比较混乱。低劣的种子播种后，植株长势弱，病害重。对我国芦笋发展造成极其严重的不良影响，使我国芦笋产品在国际市场的竞争力和生产效益均受到一定程度的影响。

三、芦笋高效栽培新技术

（一）播前种子处理

1.精选种子 选用2～3年的新种子。优质种子的纯度≥95%，净度≥97%，发芽率≥80%，水分≤8%。使用前将种子放在清水中，捞出漂在水表面的瘪种和虫蛀种。

2.种子消毒 种子表面可携带病原菌，为了预防后患，播前最好进行消毒。种子消毒可用温汤浸种的方法，也可用药剂消毒。

（1）*温汤浸种*：将种子放入55℃温水中，水量为种子量的5～6倍，并不断搅拌，以使种子受热均匀。保持55℃水温15分钟。

（2）*药剂消毒*：一般常用50%多菌灵可湿性粉剂400倍液浸泡种子12～24小时，然后将种子用清水冲洗至无药味。

3.浸种催芽 芦笋种皮厚而坚硬，外被蜡质，种子吸水缓慢。消毒后的种子应在25℃左右的温水中继续浸泡1～2天，每天换水1～2次，如图35。待种子充分吸水后捞出，用湿布包好，放在20～25℃的条件下催芽，如图36，每天用温水清洗一次，经3～5天种子即可露白。当种子有10%左右露白时即可播种。

图35 浸种中应换水清洗种子

图36 恒温箱催芽

播种时需要注意的事项

芦笋种子发芽的最适温度为18～25 ℃。当10厘米地温达到20 ℃左右时播种最好，这样种子出苗快、出苗齐。温度过高或者过低发芽率都差，并影响苗子质量。特别在温度高、湿度大时，种子发芽率下降而且容易腐烂。

（二）优质壮苗培育技术

1.芦笋的育苗形式 芦笋种子价格较贵，发芽、出土慢，苗期长，大田直播栽培，不仅浪费种子，且不便于集中管理，培育壮苗，也不利于充分利用土地。因此，芦笋生产应提前集中育苗，再移栽定植。

芦笋的育苗形式按育苗场所分有传统的露地育苗和设施育苗；按育苗是否采用护根措施有直接利用床土育苗和利用营养钵等容器进行护根育苗等。

我国传统的育苗方式是露地直接利用床土育苗，如图37。这种育苗方法，因芦笋根系发达，起苗时易伤根，定植后地上部萎蔫，严重的全株枯黄，缓苗慢，对植株生长影响较大。

采用营养钵或营养块育苗，如图38、图39，可保护根系不受损伤，定植后地上部不萎蔫枯黄，几乎没有缓苗期，可促进芦笋早熟、高产，如图40。

在早春，利用小拱棚、大棚、温室等设施，结合营养钵护根进行保护地育苗，使芦笋育苗期、定植期提前，定植后当年就能成园。特别是利用温室，1月份育苗4月份即可定植，当年9月份即可采笋，大大提前了芦笋的采收期。

图37 床土育苗

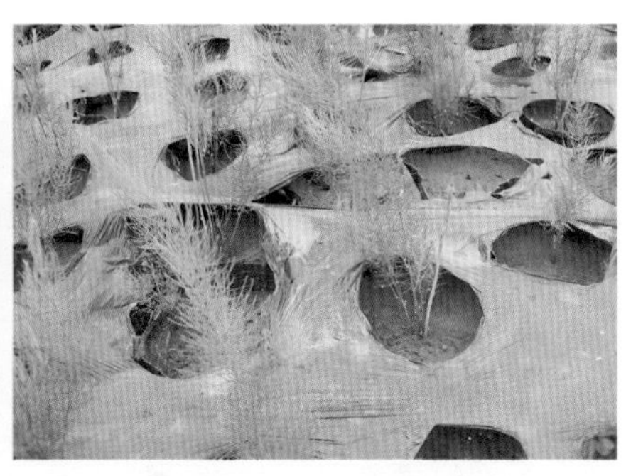

图38 营养钵育苗

图39 营养块育苗

图40 伤根苗（右）与护根苗（左）定植后生长状比较

华北地区芦笋育苗茬口安排可参考表1。露地秋播育苗，苗龄长达5～6个月，第三年才能投产，从尽快、提早取得芦笋栽培效益的角度看，一般不提倡露地秋播育苗方式。

具体采用哪种育苗形式，还应根据当地实际情况及定植地块的倒茬情况合理安排，以使芦笋生产尽快取得较高的经济效益。

表1 华北地区芦笋育苗茬口安排

育苗形式	播种期	定植期	收获期	备　注
露地秋播	8～9月	第二年春季	第三年	直接利用床土育苗
露地春播	4月下旬	6月	第二年	营养钵护根或直接利用床土育苗
小拱棚	3月中下旬	6月	第二年	营养钵护根或直接利用床土育苗
阳畦	2月中下旬	5月	第二年	营养钵护根育苗
日光温室	1～2月	4月下旬	当年	营养钵护根育苗

2.露地育苗　苗床应设置在地势高燥、排灌良好的地块，如图41。芦笋幼苗娇弱，对土壤要求严格，育苗土的好坏，对育苗成败和苗子的质量关系很大，并能进一步影响定植成活率以及今后的产量和品质。

图41　北方秋播露地育苗笋田

（1）*育苗地对土壤的要求*：直接利用苗床育苗的应选择土层深厚，有机质丰富，土质肥沃，保水保肥的轻壤或沙质壤土，土壤的盐碱度pH最好在6～7.2之间。土质黏重，沙砾土的地块不宜育苗；前茬为果园、桑园的地块，以及重茬地不宜育苗。

图42　准备育苗的精细地块

（2）*整地*：用于育苗的地块应提前浇足底水，精耕细耙，耕耙深度一般为25～30厘米，精细整地，使土质疏松，无明暗坷垃，如图42。并结合整地每667米^{2}施优质农家肥2 500～4 000千克，氮、磷、钾复合肥15千克。

（3）*播种*：播种时，床土育苗应先按15～20厘米行距开沟，沟深2～3厘米，沟内浇水如图43，水渗下后按株距10厘米单粒点播，如图44。播后覆土2～3厘米。播种完成后在畦面覆盖薄膜保湿，低温季节采用无色透明膜，增温保湿；高温季节可采用黑色地膜，保湿防草。

开沟后点播的方式保证了幼苗有足够的生长空间，也节约种子，并方便苗期的中耕、除草等操作，如图45。生产中有些地方采用撒播的方法播种，幼苗出土后不便于管理，也容易出现幼苗相互拥挤的现象，如图46。

图43 床土育苗按15～20厘米行距开沟浇水

图44 水渗后单粒点播种子

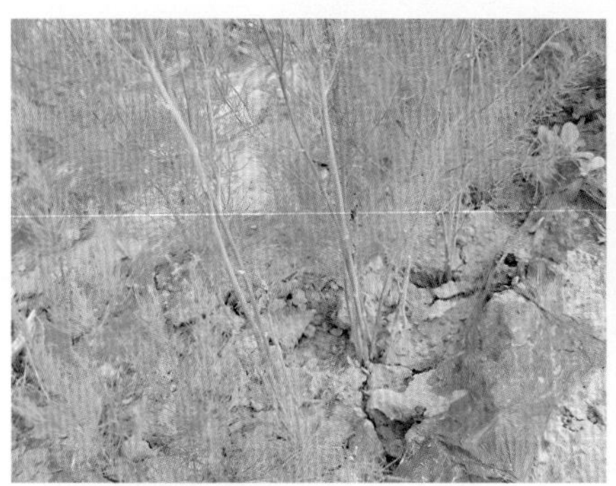
图45 开沟点播的幼苗长势

图46 撒播的幼苗长势

3.设施育苗

(1) **育苗设施**：芦笋育苗设施有温室、小拱棚、阳畦三种。

日光温室　选用高效日光温室育苗可在4月份成苗（图47），定植后加强管理，可在当年采收，提前获得经济效益。

图47 日光温室里育成的芦笋苗

小拱棚　在整好的育苗地里，先做好畦。畦东西向，宽1米，长10～20米，畦埂高15厘米。选用幅宽为1.5米的农膜覆盖，如图48。拱竿采用1.5米长的竹片，间隔80厘米一根，将拱竿两头插入畦埂各深15厘米，形成弓形，顶部用细绳连接成拱架。拱架中高0.5米。小拱棚的拱架应在上一年冬前设置好。第二年早春在支架上覆盖薄膜，将薄膜四周用土压实，增温保温。

图48 小拱棚育苗

阳畦 阳畦要选在背风向阳、浇灌方便的地方。畦面东西延长，畦长10～20米，畦宽1.5～1.7米，深20～25厘米，四周夯实，做成厚度25～40厘米的畦框。北侧高30～40厘米，南侧高10～15厘米，东西两边框与南北畦框相连。用木杆或竹竿支撑覆盖物，木杆或竹竿长约2米，两头放在南北畦框上，每隔60厘米放置一根。上盖薄膜，膜上盖草苫。阳畦应在上一年冬前建造好，如图49。

图49 阳畦育苗

小拱棚、阳畦和温室应在播前15～20天盖好薄膜，提前增温。

(2) *育苗方式*：育苗方式有保护地直接播种育苗、营养块育苗、营养钵育苗和穴盘育苗四种。

芦笋设施育苗最好采用护根措施。若直接播种于苗床土壤中，起苗时伤根，不利于定植后缓苗和芦笋的早熟生产。最常用的护根措施是采用营养块育苗、营养钵育苗及穴盘育苗方式。

营养块育苗 营养块是采用草炭为基本原料，配加多种功能助剂，采用特殊工艺制备成的专用于各类作物育苗的新型基质。它将育苗过程中床土配制、容器育苗等过程通过工业化手段直接固化为营养基压缩饼块，无需用户自行配制基质，也不需要外置容器。营养块育苗适宜在设施内进行，若在露地采用营养块育苗，因蒸发量大，容易出现干块现象。

营养块要提前准备好，做好畦，使畦面低于畦梗10厘米左右，在床底

图50 塑料膜上摆放营养块

平铺双层薄膜，四周延伸到畦埂上，以防苗子长大后根系扎入土壤，起苗伤根。将营养块以1～2厘米间距均匀摆放在塑料膜上，如图50。将营养块喷湿后，用水管从苗床边缘采用小水流洇水（图51）到洇透营养块，浸泡48小时，直到营养块完全疏松膨胀（用细铁丝扎无硬芯）而苗床无积水。然后播种、覆土。温室营养块育苗幼苗生长情况如图52。

图51 苗床边缘缓慢灌小水至淹没营养块

图52 温室内营养块育苗幼苗长势

营养钵育苗　采用营养钵育苗的要做好营养土的配置与消毒。

营养土配制：可将肥沃的田园土与充分腐熟的农家肥按7∶3的比例混匀，再掺入氮、磷、钾复合肥1.5千克/米^{3}混匀。

营养土消毒：可用甲醛或2.5%适乐时悬浮剂20毫升加68%金雷50克对水15升即一喷雾器水，或50%多菌灵可湿性粉500倍液，进行一层营养土，喷一遍药液，层层喷洒，将药液与营养土混匀（图53），并用塑料薄膜盖严，密闭7～10天。之后揭开薄膜（图54），翻倒营养土，晾晒至无药味后装营养钵。

图53 药土混拌均匀

装、摆营养钵：芦笋幼苗根系发达，营养钵应使用10厘米×10厘米以上的。苗床宽1.2～1.5米，下挖10～12厘米，使床面比地面低10～12厘米，整平后将营养钵摆放在苗床内，如图55。

图54 营养土药剂封闭处理

图55 苗床内摆放好的营养钵

播种：营养钵育苗采用单粒点播方式播种，如图56。播种前营养钵内浇透水。播后覆土2～3厘米如图57，上面覆盖薄膜保湿，如图58。

图56 营养钵单粒点播

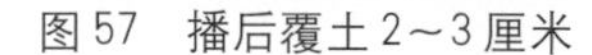

图 57 播后覆土 2～3 厘米

图 58 钵体覆盖薄膜保湿

穴盘育苗 芦笋种子本身发芽较慢，在北方冬季温室育苗过程中，由于地温过低，往往出现出苗时间长、出苗不整齐的问题。穴盘育苗就是为了克服这些问题，缩短育苗时间，提高芦笋种子出苗率和幼苗质量而采用的一种前期利用地热穴盘育苗、后期转入营养钵育苗的方法，这种穴盘加营养钵育苗方式叫二次育苗法。

具体做法是将浸种催芽的种子播种在消过毒的长 60 厘米，宽 24 厘米，深 5 厘米的育苗穴盘中，如图 59，育苗穴盘放在加有地热线的控温育苗床上，或育苗穴盘下铺设地热线，幼苗在穴盘内生长 1 个月左右，开始长出第二根茎时，将幼苗倒苗移栽到营养钵中，在日光温室里完成育苗全过程，如图 60。

图 59 温室穴盘育苗

图 60 温室穴盘待栽苗

(3) 苗期管理

温度管理　苗床温度白天控制在25～28℃，夜间15～18℃。播种后及幼苗生长前期注意增温保温；后期随着外界气温的升高，当苗床温度达30℃时，应及时放风降温。4月下旬，当外界气温能够满足芦笋生长需要时，小拱棚、阳畦可在逐渐加大放风量之后揭去棚膜。

低温锻炼　定植前，育苗设施内温度等环境条件与露地相差较大时，特别是温室育苗，定植前7～10天，应逐渐加大苗床通风时间和通风量，使育苗设施内的温度与外界温度接近，增强幼苗对外界环境的适应能力。

4.芦笋壮苗的指标　关于芦笋壮苗的选择，目前尚无明确的标准。定植时是优先选择茎数多的，还是茎粗的，还是茎高的，在生产上比较盲目。根据我们的经验和研究表明，具有5～7支茎、平均茎粗0.14～0.17厘米、平均茎高在30～45厘米的幼苗定植后生长发育最好。通过分析表明，芦笋幼苗的平均茎粗与定植后生育指数增长有直接关系，其次为茎数，茎高主要通过茎粗起作用，因此茎粗和茎数可作为芦笋壮苗的优先选择指标。

芦笋幼苗质量不仅对定植当年的生长产生影响，也直接影响定植后第二年的生长。从图61、图62、图63和图64可以比较秋季定植时的壮苗（图61）和弱苗（图62）与第二年春季萌发后的壮苗（图63）和弱苗（图64）长势。因此，培育优质壮苗对芦笋优质高产有着非常重要的作用。

图61　秋季定植时的壮苗

图62　秋季定植时的弱苗

图 63　壮苗定植第二年春季长势

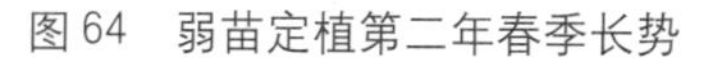

图 64　弱苗定植第二年春季长势

（三）芦笋的定植技术

1.地块的选择　芦笋多为出口创汇蔬菜，产地环境质量应符合农业部发布的《无公害食品　蔬菜产地环境条件（NY 5010—2001)》的指标规定。生产芦笋的地块必需是生态条件良好，远离污染源，并具有可持续生产能力的农田。以土层深厚、土壤肥沃、通透性良好、蓄水保肥、地势高燥、地下水位较低和便于排灌的沙壤土或壤土最好。

芦笋为多年生蔬菜，一旦栽植，就不便轻易改变。所以，**地块的选择有四不宜**：①低洼易涝的地块不宜栽种芦笋，因为芦笋怕涝，地下根茎在积水少氧的土壤中必然窒息死亡直至腐烂；②前茬作物是林木、果树的地块也不宜种芦笋，因为林果类会在地下残留根系，有碍芦笋地下根茎的正常生长；③芦笋重茬障碍严重，不宜重茬种植；④也不宜与葱蒜类蔬菜重茬或间作，因为它们同属于百合科，会有相同的病害威胁芦笋。

图 65　芦笋的定植沟

2.深翻整地，开沟定植　芦笋根系庞大，每年又有鳞茎朝水平方向扩展，应进行深翻开沟定植。定植前每667 米^{2}普施基肥2 000～3 000千克，深翻40厘米。按1.5米行距开定植沟。定植沟深40～45厘米，沟口宽60厘米，沟底宽40厘米，如图65。挖沟时把耕层25厘米以上的熟土（耕层土）和25厘米以下的生土分开放。按667米^{2}用农家肥3 000千克，复合肥40千克施入沟底，肥土混匀后回填耕层土。

3. 护根起苗 芦笋白色的肉质根是营养贮藏器官，一旦被切断，不能再继续生长，幼苗生长也会受到很大影响。因此，在起苗、定植过程中保护根系十分重要。采用营养钵等护根措施育苗的，定植时基本不伤根，如图66，幼苗无明显的缓苗期。因此，应提倡采用营养钵等护根措施育苗，同时在运苗和定植过程中要注意不散坨，保护根系不受伤。

图66 营养钵育苗移栽后迅速恢复生长的根系

由于芦笋幼苗根系发达，直接在床土上育苗的起苗时难免伤根，但要尽量少伤根。生产中往往在这方面重视不够，甚至有的农户为了定植方便，将芦笋苗子的根人为地剪除一部分再定植，如图67。这样的苗子定植后植株地上部会枯黄死去，缓苗时间长，对定植当年以及第二年的生长和产量都会产生严重影响。不伤根苗（图68）和伤根苗（图69）定植后的田间长势差异非常明显。

图67 床土育苗起苗时断根（左）和人为地断根（右）

图 68 护根育苗定植后 15 天长势

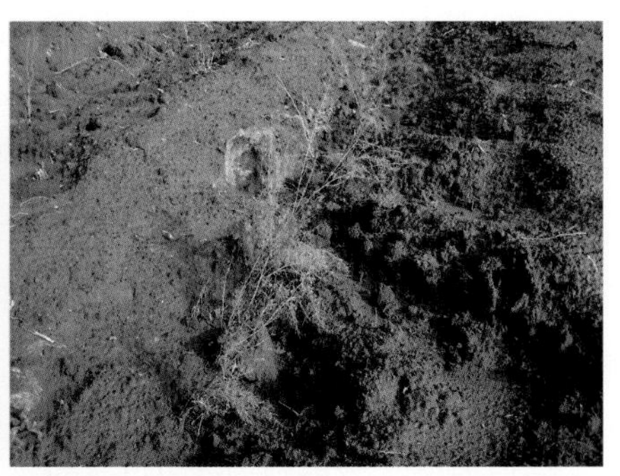

图 69 伤根育苗定植后 15 天长势

4. 定植方法

(1) 合理密植：目前，我国一些地区绿芦笋栽培存在超密度现象，密度太大，虽然第一采笋年产量高些，但随着芦笋植株的生长，田间郁闭，通风透光条件差，严重影响芦笋的生长，且病害严重，反而会使产量降低，品质变差，经济效益下降。绿芦笋以每 667 米^2 栽植 1 500～1 800 株，行距 1.2～1.5 米，株距 0.3 米为宜。

(2) 栽植方法：为防止土壤板结，定植时最好采用暗水栽苗的方法。即先在定植沟内浇水，水渗下一半时按 0.3 米的株距摆苗，使幼苗根系伸展，然后覆土。或在定植沟内先按株距摆好苗，稍覆土后，再在定植沟内浇水，水渗后再覆土，如图 70。覆土时，定植沟先不填平，可低于原地面 5～7 厘米，如图 71，随着幼苗生长，再将垄面土逐渐回填于定植沟，并培成高于原地面 15 厘米左右的土垄，以利于雨季排水。

图 70 定植时浇定植水

图 71 暗水栽苗覆土后定植沟先不填平

在我国南方多雨地区，芦笋则直接定植在高垄畦上，垄沟与地块周围设置的排水沟相连，以利于排水防涝，如图72。

图72　多雨地区定植芦笋的地块设置排水沟模式

（四）肥水管理

1.肥　芦笋是需肥较多的蔬菜，据笔者研究，形成1 000千克嫩茎，需要氮2.74千克、磷0.54千克、钾3.57千克、钙0.15千克、镁0.04千克、铁12.05克、锰1.19克、铜4.94克、锌8.28克。在中等肥力地块，芦笋全年生长平均每株需要氮5.32克、磷1.60克、钾7.63克、钙0.84克、镁0.37克、铁142毫克、锰7.2毫克、铜7.6毫克、锌15.1毫克。在各种元素中芦笋对钾吸收最多。氮、磷、钾、钙、镁吸收比例为3.33：1：4.77：0.52：0.23。

芦笋喜氯，氯对芦笋具有多种有益的作用。张来振等研究表明，含氯化肥不仅可提高芦笋的产量和品质，还有明显的防治茎枯病的作用。在总养分相同的情况下，施用含氯化肥可使产量、等级笋率提高，茎枯病发生期推迟。范永强等报道，芦笋增施硼肥能显著降低弯曲笋率和茎枯病发生率，还能增加茎数、茎高和茎粗，使产量和质量提高。

芦笋在不同生长时期，生长中心不同，对矿质元素的吸收特性也不同，应根据芦笋不同生长阶段合理施肥。

（1）催芽肥：定植缓苗后进入正常生长发育时，应施一次发苗肥。可以追施尿素或速效氮肥，促进幼苗快速抽生地上茎。每667米^{2}施尿素30千克顺垄开沟施入沟内覆土耙平及时浇水。

（2）复壮肥：复壮肥在采笋结束后施用。此时，地下贮藏根中的养分几乎耗尽，茎、叶及新根的生长需要大量营养。采笋期应考虑施用速效复合肥。这个时期的施肥量应该根据笋田的实际费力灵活掌握。每667米^{2}施复合肥20～30千克以补充采笋后的营养消耗。

(3) *秋发肥*：在嫩茎抽发高峰过去后，一般在采笋结束之后的秋季8月进行。此次施肥以复合肥为主，每667米^{2}施氮、磷、钾复合肥30千克、尿素10千克，以保证芦笋停止生长前对养分的需要，使母茎发育到最大化，根系积累足够量的同化物，为来年的丰产打下雄厚的营养基础。注意：每次施肥后必须及时浇水，以免养分流失或烧灼根系和植株。

绿芦笋生产中每年应重点施好催芽肥、复壮肥、秋发肥。催芽肥在春季地下根、茎和鳞芽开始萌动时施入，以促进鳞芽萌发和嫩茎生长。进入秋季后，气温适中，地上部和根系旺盛生长，此时追施秋发肥，可促进植株生长和营养积累，为来年优质丰产打好基础。施肥应在行间开沟施入，然后覆土。

2.水 芦笋怕涝，特别是大雨过后，一旦田间积水，地下的肉质根和吸收根因土壤中缺少氧气而窒息，微生物乘机入侵而造成腐烂，严重时整个植株枯死。所以芦笋田要注意雨季排水。否则，田间积水将会带来严重的损失。

（五）株丛管理技术

1.立支架 芦笋植株高大，自然生长高度可达1.5米以上，最高可达2米多。但在我国芦笋生产中，芦笋地上母茎往往出现倒伏现象，如图73。为防止倒伏，很多地方在芦笋母茎长到80厘米左右时就摘除顶梢，即“打顶”，致使母茎高度不足1米。这种做法限制了地上茎的生长，减少了植株光合面积和光合产物的积累，产量也会受到影响。

图73 倒伏的芦笋田

据编著者观察，若芦

笋植株营养充足，采收适度，母茎生长健壮，即使株高1.5米以上芦笋也不会倒伏，如图74。我们认为，芦笋母茎生长期间倒伏主要是因为采收过度，植株营养不良，母茎生长衰弱。这样的植株即使不足1米高就打顶，也避免不了倒伏，如图75。

图74　健壮的芦笋植株不倒伏

因此，芦笋植株健壮才是解决倒伏问题的根本。首先，要适度采收，平衡采收与养根的关系，保证采收结束时根株还有充足的养分供应母茎生长；其次，应加强田间管理，培养健壮的植株。如果出现倒伏现象，也不应急于打顶，而是采用支架的方法防止植株倒伏，使植株地上部充分生长，具有尽可能多的光合面积，以积累更多的同化产物，为来年产量和品质的提高奠定营养基础。

图75　生长衰弱的芦笋即使打顶也会倒伏

支架的方法：每隔1.5～2.0米立一木（竹或水泥柱）桩，用铁丝（图76）或尼龙绳（图77）拢住桩与桩之间的地上茎，让其枝叶自然展开又不倒伏。

图76　尼龙绳搭架

2.株丛及侧枝疏剪　芦笋株丛繁茂，田间郁闭易诱

发病害。因此，芦笋母茎生长期间，对于中下部发黄、染病的侧枝应及时疏除，如图78。对于染病、老化的部分母茎，也要及时剪除，以增加通风透光，便于嫩茎的采收，如图79。

图77 铁丝搭架

图78 剪除老茎

图79 疏剪后的母茎通风透光

目前在芦笋生产中，有些地方有夏季换茬的栽培习惯，即在夏季将所有地上茎割除，如图80，即“剃头”，让植株重新萌发嫩茎后留作母茎再继续生长，如图81。我们认为，这种做法不可取，除非母茎严重染病或因

图80 割除所有地上茎

图81 换茬重生的嫩茎

其他因素全部枯死，不得已将母茎全部割除。否则，植株被“剃头”后，新萌生的嫩茎是养分消耗器官，从新的嫩茎萌生到成长为能够真正为植株积累营养的有效母茎，需要消耗植株大量养分，这将影响植株养分的积累和来年的产量。

3.摘除花果 芦笋植株开花结果会消耗植株大量的养分，导致结果的雌株倒伏严重，如图82。为减少因开花结果而消耗大量营养，有条件的可在芦笋开花结果期间进行疏花疏果，摘除雌株上的幼果，可减少养分消耗，有利于植株养分积累和产量提高，如图83。

图82 雌株结果后倒伏状

图83 人工疏果的雌株

（六）越冬管理

图84 芦笋冬前培土

芦笋越冬管理主要包括培土、浇冻水和清园。秋末冬初，芦笋地上部枯黄，进入休眠阶段。冬前对芦笋进行适当的培土如图84，以及在土壤昼消夜冻时浇足冻水，对防止冬旱、保护笋芽安全越冬十分有利。

在枯枝残叶或杂草中，有可能隐藏着病菌和虫卵，翌春土壤开始化冻时，应彻底清园如图85，将枯黄的茎秆及所有乱草杂物一起清理到地头烧掉或挖坑深埋，并喷洒农药对地面消毒如图86，对防止病虫害发生具有重要意义。

图85　清园

图86　清园后对地面消毒

芦笋越冬期间的清园，可以在第二年春季进行，也可在当年冬季进行。但在当年冬季进行的，一定要在地上部完全枯萎即完全休眠之后进行。有些地方在刚刚入冬，芦笋地上部尚有绿色，茎秆充实直立，植株未完全休眠时（图87），就进行清园，这是不可取的。因为芦笋地上部在枯萎过程中，有大量养分向地下部转移，清园过早，地上部的养分转移不完全，

图87　过早清园的芦笋田

地下部养分积累受到影响，就会影响第二年的生长和产量。芦笋清园应在地上部完全干枯、茎秆变空而大多倒伏后进行，如图88。

图88　植株休眠后适宜清园的芦笋田

（七）冬季和早春设施生产

近年来世界绿芦笋生产向着周年化、设施化方向发展。我国绿芦笋以露地栽培为主，设施芦笋栽培刚刚起步，不能满足市场需求。特别是随着国内消费者对芦笋的逐渐认识，春节前后国内市场绿芦笋销量逐年增加，绿芦笋设施栽培具有广阔的发展前景。目前，我国绿芦笋设施栽培主要有小拱棚栽培和大棚、日光温室栽培。

1.小拱棚栽培　小拱棚栽培是在早春利用塑料小拱棚增温保温，促进芦笋嫩茎提早萌发的一种栽培形式。其收获期可比露地栽培提早20天左右，收获结束期和露地栽培基本相同。小拱棚栽培需选择露地栽植2～3年以上的芦笋，在上一年秋季施足肥。小棚拱架最好在上一年土壤封冻前设置好。小棚宽1米左右，高0.4～0.5米，小棚拱架材料可用竹片、细竹竿、紫穗槐枝条或钢筋，拱杆间距80厘米。当春季温度回升到平均温度3℃以上时覆膜。夜晚温度低时，可在小拱棚上加盖草苫或纸被保温。据报道，吉林省3月下旬至4月上旬扣小拱棚，可比露地提早20天左右采笋。当露地平

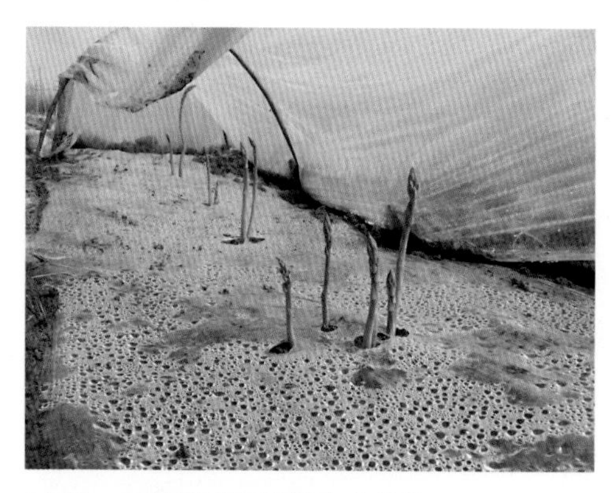
图89 小拱棚早春提前生产芦笋

均气温达10 ℃以上、最低气温稳定在5 ℃以上时撤除棚膜，撤棚后仍有一段时间可采笋，如图89。小拱棚也可和地膜覆盖结合进行早春生产。

2.大棚、日光温室栽培 大棚、日光温室栽培是利用大棚或温室在低温季节增温保温，促进嫩茎提早萌发和采收，当棚外温度升高后，撤掉棚膜转为露地栽培的一种栽培形式。

图90 日光温室生产芦笋

棚室开始覆膜的时间应综合考虑当地的气候条件、品种的萌芽和休眠特性、棚室的保温性能以及上市期等因素。保温过早，虽萌芽早，但萌芽后易发生冻害。应保证覆膜后棚内最低温度在5 ℃以上。另外还应根据品种的休眠特性，使其充分休眠后，再覆膜保温。

覆膜后，前期以增温保温为主，特别是外界夜温低于5 ℃时，应注意防止冻害及低温所致的异常茎发生。温度太低时，可在棚室内设多层覆盖。后期，外界气温升高，应注意将温度调控在芦笋适宜生长范围内，通常以25 ℃作为棚膜开闭的标准温度。大棚栽培开始采收期可比露地提早1个月左右，温室栽培可提早2～3个月，采收期长，产量高，经济效益好，如图90。

（八）采　收

1.采收季节 绿芦笋的采收季节与各地的气候条件关系较大。中国南方地区，由于气温高、生育期长，每年可在春秋两季采笋。北方地区以春季采收为主，华北地区一般在4～6月为绿芦笋的采收期，成龄笋的采收持续期大致在70天左右。夏季留母茎后也可适度采收，以利于田间通风透光，在夏季高温高湿条件下，有利于控制病害的发生，同时增加产量和效益。

2.采收标准 采收芦笋的标准应根据鲜销和加工厂的要求来确定，目前，鲜销绿芦笋一般初加工长度为24～27厘米，采收长度则应为27～30厘米。外观上应色泽深绿，鲜嫩整齐，笋尖抱合紧密，笋条顺直不弯曲，无畸形，无虫蛀。

3.采收方式 绿芦笋的采收，有不留母茎采收和留母茎采收两种方式。

不留母茎采收是指采收时，将萌发的嫩茎一律取下，如图91，采收结束后再留母茎。这种方式简便，但在上年植株生长衰弱、病害重、采收过度、植株贮藏营养不足的情况下，因不断采收，不断萌生嫩茎消耗营养，容易导致植株生长衰弱，所以适于旺产期健壮的笋田。

图91 不留母茎采收的芦笋田

留母茎采收是指采收前先留下几根嫩茎，如图92，让其成长，形成母茎，尽早地进行光合作用，制造营养，输送给地下根茎供其生长或贮藏。这种方式使得采笋的同时，植株也有光合产物合成，不易导致植株因采收而衰弱。特别适合第一年采收或地上部生长较弱的田块。留母茎

图92 留母茎采收的芦笋田

采收时，可将相对细弱的嫩茎留为母茎，留母茎数量不要太多，每株2～3支为宜。因为繁茂的母茎会给采笋带来不便。

4.影响采收量（产量）的因素及其调控 上一年采收结束后，进入母茎生长期，随着母茎的生长，芦笋植株光合能力逐渐增强，光合作用所形成的同化养分源源不断地贮藏于地下贮藏根中，供翌年嫩茎的形成，因此，嫩茎采收量的多少主要取决于上一年根株中同化养分的积累量。上一年根株中同化养分的积累量取决于母茎的光合能力、光合时间、光合面积及呼吸消耗等因素。

（1）光合能力：母茎的光合能力与品种特性、母茎生长状况等有关。有的品种母茎光合能力强，产量高。芦笋雄株光合能力较雌株强。健壮的母茎光合能力较衰弱的母茎强。

（2）光合时间：在自然光照时间一定的情况下，芦笋母茎的光合时间与母茎生长期的长短密切相关。而母茎生长期的长短取决于采笋期的长短，春季采笋期越长，留给的母茎生长和光合作用时间就越短，植株为来年嫩茎生长积累的光合产物也就越少，自然影响第二年嫩茎的产量。

图93 采收期60天母茎的生长势

（3）光合面积：在一定范围内，芦笋母茎越繁茂，光合面积越大，积累的光合产物越多。除了品种、病虫害、栽培管理水平等因素外，影响母茎繁茂程度的重要因素是采收结束后根株中残存的养分量及人为留母茎的数量。

采收结束后留给母茎生长的营养越少，母茎生长越弱，光合面积越小。如图93、图94、图95所示，采收期越长，母茎长势也越弱，光合面积也就越小。因此，应注意适度采收，掌握好采收与养根的关系。

在一定范围内，留母茎数越多，地上部越繁茂。但是，如果母茎过于繁茂，笋田郁闭，枝叶相互遮荫，又会降低枝叶的光合效能，不仅不能增加有效光合面积，而且还增加呼吸消耗，致使光合产物积累减少。因此，栽培芦笋应注意合理留母茎，形成合理的地上部。目前，国内外大都用生育指数（单株生育指数= Σ 茎粗 × 茎高）来评价地上部的繁茂程度和估计翌年的产量。据李书华报道，绿芦笋每667米^2 1 800～1 900株，每株留茎数7根，单株生育指数为1 100为最佳群体结构，只要达到每667米^2 13 000根母茎就能确保第二年高产。但所有的芦笋茎直径应在1厘米以上、高度应在1.4～1.6米。

图94 采收期80天母茎的生长势

图95 采收期100天母茎的生长势

（4）呼吸消耗：芦笋地上部既进行光合作用，也进行呼吸消耗，合成大于消耗时才有光合产物的积累。在光合作用一定的情况下，呼吸消耗越少，光合产物积累越多。气温、母茎的年龄、病虫为害都会影响呼吸作用。气温高，呼吸作用旺盛，光合产物积累少。所以夏季芦笋贮存到根株中的同化养分少。老龄母茎及受病虫为害的母茎呼吸作用强，光合能力下降，光合产物积累就少，甚至没有光合产物积累，成为纯消耗器官。因此，芦笋母茎生长期间，应注意及时去除老化的侧枝和母茎，及时防治病虫害。

5.保鲜绿芦笋商品化处理流程 保鲜绿芦笋商品化处理流程是：采收→初加工→清洗→预冷→捆把→包装。

（1）采收：鲜销芦笋是利用其嫩茎，一般初加工长度为21～24厘米，采收长度为27～30厘米，直径0.8～1.8厘米，全绿、不散头、不干缩、不弯

图 96　采收后商品笋分级

图 97　切割修整

曲、无病虫斑伤。采收时间宜在上午9时以前温度较低时进行。采下的嫩茎随手抹去黏附在笋体上的泥土，轻放于下部垫有湿垫子的箱子、篮子或箩筐中，以防芦笋与箩筐等轻微磨擦造成人为损伤，上面用湿布盖好，防止阳光照射。病笋、畸形笋、散头笋及不符规格的细笋等最好在采收时剔除。采收后，应以最快的速度运往加工厂进行初加工处理。

（2）初加工：初加工主要包括精选分级（图96）和修整（图97）。

分级　2008年国家发布了芦笋等级规格标准，应按《NY/T1585-2008芦笋等级规格》分级。

修整　修整主要是按照芦笋的供货要求切割芦笋基部的不可食部分，使芦笋长度整齐一致。即把27～30厘米长的芦笋按规定切至21～24厘米，并除掉黏附笋体的泥土。切割时刀刃要锋利，切口断面要平整。切好的嫩茎笋头朝上整齐地放置于塑料筐中。

芦笋的分级、切割也可采用机械完成。

（3）清洗：初加工后的芦笋，表面往往还带有许多泥土和脏物，必须进行严格的冲洗。即把整筐的芦笋放入水槽中，灌注深10厘米左右的水，但头部不可浸入水中，否则易发生腐烂。并用塑料管接莲蓬头直接喷雾于笋尖和笋体，冲去黏附的泥土和脏物，沥去泥水，沥干。

图98 捆把包装

图99 捆把好的商品笋

(4) 预冷：预冷的目的是去除田间热、降低呼吸作用以及其他代谢活性。

(5) 捆把：将长度和粗度一致的芦笋捆成一把，每把重100～250克，用胶带捆扎，如图98、图99，然后包装。

(6) 包装：芦笋贮藏包装分外包装和内包装。内包装的主要作用是防止水分蒸发、保持新鲜度和一定的气调作用，如图100。外包装是印有商品安全标识及注册商标等包装。

芦笋嫩茎娇嫩，作为鲜销的绿芦笋，以上每一个环节都应轻拿轻放，避免产生人为的机械损伤。

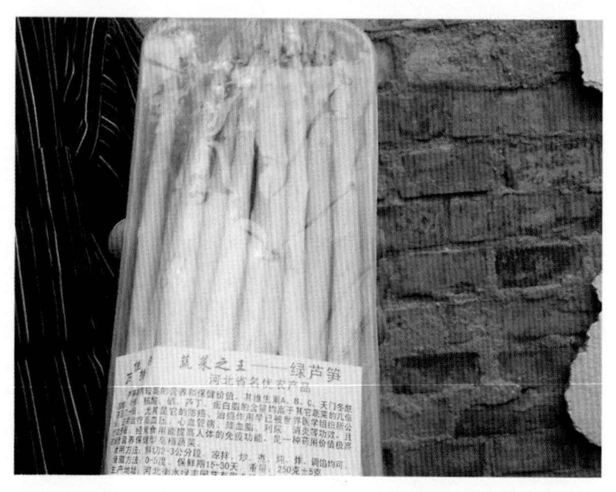

图 100　芦笋就近供应国内市场的净菜包装

四、芦笋主要病害诊断与救治

◆ 茎枯病

【症状】 茎枯病是芦笋的主要病害。在多雨区域或北方的雨季，茎枯病对芦笋生产是最具威胁性的病害。主要为害茎、枝条，偶染叶片。发病初期多从主茎上开始侵染，先出现浸润状褪色斑点，随之扩大呈浅灰色梭形病斑，如图101，重症病斑连成片形成条状变成红褐色，上面长出密密麻麻的针点状黑色小颗粒。黑色小颗粒即是病菌生出的分生孢子器，如图102。病斑连片绕茎一周后就会致使枝条或茎秆因失水性干枯折断，如图103。空气干燥条件下，病斑边缘清晰不易扩展；多雨高湿季节，病斑会迅速蔓延，造成整个枝、茎枯死，如图104，形成急性型茎枯病的流行灾害，如图105。

图101 浸润状褪色梭形病斑

【发病原因】 病菌以菌丝体或拟菌核随病残体或种子越冬，借雨水传播。发病适宜温度27℃，湿度越大发病越重。棚室温度高、多雨或浇大水、排水不良、种植过密、氮肥过量病害发生重，易流行。植株生长衰弱发病严重。一般春季保护地种植后期发病几率高、流行速度快，管理粗放也是病害流行造成损失的重要因素，应引起高度重视。

图 102 病斑上长黑色颗粒

图 103 重症茎枯病茎秆枯后折断

图 104 病斑蔓延后造成茎秆枯死

图 105 茎枯病大流行后的芦笋田

【救治方法】

1.选地种植：首先要选择地势较高、排水性能好的地块。割除病茎尽早烧毁。

2.地面覆盖：有条件的地方可采用地膜覆盖或稻草盖地的方式，减少雨水反溅传播扩散病害。

3.清园与土壤消毒：入冬前清园，收割休眠后的笋秧连同发病植株一起带出种植区域烧毁。土壤地面封闭消毒处理，可选用80%多菌灵可湿性粉剂400倍液，或10%世高水分散粒剂1 000倍液，或70%甲基托布津可湿性粉剂500倍液，或2.5%适乐时悬浮剂1 000倍液进行地面喷施封闭。芦笋育苗可用2.5%适乐时悬浮剂10毫升、68%金雷水分散粒剂20克拌均匀撒在育苗床上，或药液封闭土壤表面。

4. 配方施肥： 注意氮、磷、钾的施入比例。增施钾、镁肥，培育健壮秧苗和增强植株抗病能力。

5. 药剂救治： 注重强调预防用药的原则。即在留母茎的同时开始，或雨季到来之前，不等发病就提前预防施药。一旦等笋农看见芦笋生病时，病害就非常难以控制了。

生产中有用病害防治大处方进行整体防控的经验，这样做成本低，效益高（参见本书第七部分）。药剂可选用：留母茎前使用10%世高水分散粒剂1 000倍液扎孔灌根，15～20天灌根一次，效果非常好。从长出枝茎初期开始用25%阿米西达悬浮剂1 500倍液，10～15天一次；或75%达科宁可湿性粉剂600倍液10天一次喷施预防；或选用10%世高水分散粒剂800倍液、25%爱苗乳油3 000倍液，渗透治疗杀菌，控制病害大面积流行，控制或用50%扑海因可湿性粉剂600倍液、80%多菌灵可湿性粉剂500倍液淋灌，8～10天一次。

◆ 褐斑病

图106　呈红褐色病斑的病茎

【症状】 褐斑病主要为害茎秆、侧枝，高温高湿有利于发病。感病初期幼嫩枝茎病斑呈红褐色，如图106，茎秆出现褐色小型斑点，逐渐扩大呈卵圆形，如图107。感病中期病斑扩大，斑中央浅褐色，边缘深褐色，重症时茎秆枯黄干死，如图108。雨水大或大水漫灌病斑会长出灰色霉层。

图 107　逐渐扩大的卵圆形深褐色病斑

图 108　重症褐斑病爆发时茎秆枯死

【发病原因】 病菌以菌丝体和分生孢子附着在病残体上越冬，成为来年病害侵染源。孢子借助风雨传播进行再侵染逐步蔓延，秋季是发病高峰期。气温在 25～28℃时有利于病菌流行传播。高温多雨或在暴雨之后发病严重。

【救治方法】

1. 选择抗病品种：尽量选择抗病性强的杂种一代，如阿波罗F_1、冠军等优良品种。

2. 及时清园：清除病残体，带出田间集中烧毁，减少初侵染源。

3. 药剂防治：雨季到来之前，采用 10%世高水分散粒剂 1 000 倍液扎孔灌茎、根，进行早期压低菌原系统性控制防病，或采用 25%阿米西达悬浮剂 1 500 倍液灌根预防病害。留出母茎后，也可及早喷施 10%世高水分散粒剂 1 000 倍液，或 25%阿米西达悬浮剂 1 500 倍液、40%福星乳油 4 000 倍、70%甲基托布津可湿性粉剂 500 倍液、25%爱苗乳油 3 000 倍液渗透治疗，10～15 天一次。

◆ 炭疽病

【症状】 炭疽病也是为害茎秆。炭疽病发病早期容易与茎枯病混淆。初期侵染呈灰褐色斑点，逐渐变黑呈椭圆形病斑，并伴随凹陷，如图109，重症时病斑连片，大块病斑致使茎秆整体枯干坏死，如图110。

图110 重症炭疽病斑连片茎秆枯死的笋田

图109 感染炭疽病的具有黑色凹陷圆形病斑的笋茎

【发病原因】 病菌以分生孢子附着在病残植株体上越冬，种子可带菌，成为来年病害的初侵染源。孢子借助风雨传播进行再侵染逐步蔓延。高温高湿有利于病毒流行传播。整地不平、低洼积涝、排水不畅、种植过密、植株幼嫩、氮肥使用过量均有利于发病。高温多雨或在暴雨之后发病会更加严重。

【救治方法】

1.种子消毒灭菌：可采用温汤浸种55℃温水浸种20～30分钟。或种子包衣药剂处理，如用6.25%亮盾悬浮剂10毫升，或2.5%适乐时悬浮种衣剂10毫升可包衣3千克芦笋种子，晾干后播种。

2.清园： 处理病残体枯死枝集中烧毁，避免病残体残留在芦园中。

3.均衡施肥： 避免过量氮肥的施入：加强足量的磷肥作底肥施入、加强钾肥作追肥的补充，提高植株本身的抗病能力。

4.药剂防治： 预防可以使用70%达科宁可湿性粉剂600倍液、80%大生可湿性粉剂600倍、80%山德生可湿性粉剂600倍液、70%甲基托布津可湿性粉剂500倍液、25%阿米西达悬浮剂1 500倍液喷施。防治可选用10%世高水分散粒剂1 000倍液、25%爱苗乳油3 000倍液、90%势克乳油6 000倍液、40%福星乳油6 000倍液喷雾。

◆ *枯萎病*

【症状】 主要为害根部，引起腐烂、枯死，以成株整株从下逐渐往上枯黄为典型症状，如图111。剖开茎部疏导组织褐色病变，潮湿时根茎表面褐色腐烂，产生深褐色病斑，长出浅粉色霉层。

图111 整株枯黄的芦笋枯萎病

【发病原因】 病菌在土壤中或随病残体在土壤中越冬。病菌一般由根部直接侵入，也可以从采割嫩茎后的伤口侵入，随水传播，种子可带菌，播种后直接侵染幼苗。24～29℃适宜发病。高温多雨季节发病重，黏土、平畦栽培、低洼地、盐碱地栽培的芦笋发病较重。

【救治方法】

1.选择肥沃有机质含量较高的土地做笋田。 做到排水性好，高培土栽培，及时中耕，增强抗病能力。尽量远离蔬菜棚室。清洁田园，及时烧毁大病植株和越冬的地上枝条。

2.种子消毒药剂包衣：用6.25%亮盾悬浮种衣剂10毫升，或2.5%适乐时悬浮剂10毫升再加上35%金普隆悬浮剂2毫升对水150~200毫升包衣3千克芦笋种子。或采用10亿活孢子/克枯草芽孢杆菌可湿性粉剂50倍液拌种，或70%达科宁可湿性粉剂500倍液，或50%多菌灵可湿性粉剂500倍液浸种10~20分钟。

3.药剂防治：可选择用10亿活孢子/克枯草芽孢杆菌可湿性粉剂500倍液、80%多菌灵可湿性粉剂1 000倍液、70%甲基托布津可湿性粉剂800倍液、2.5%适乐时悬浮剂1 000倍液、25%爱苗乳油3 000倍液灌根。

◆ 梢枯病

【症状】 梢枯病主要感染嫩梢和嫩枝。一般从顶梢的伤口或分叉处侵染，逐渐向下扩展成条状坏死，重症时整株黑褐色枯死，如图112，病斑表面长出霉层和病菌黑色颗粒。

图112 感染梢枯病的嫩梢、嫩枝

【发病原因】 病菌以菌丝体和分生孢子附着在病残体上越冬。病害多发生在雨季，随雨水反溅或风雨传播形成再侵染。田间密度大、通风透气不良的地块，生长势较弱、伤口较多的笋田发病重。

【救治方法】

1.清园：将冬前收割地上休眠植株和有病植株，带出田间，全部烧毁或粉碎沤肥。注意增施磷、钾肥，增强植株抗病性和使植株不易折断受伤。

2.药剂防治：使用70%达科宁可湿性粉剂600倍液、25%阿米西达悬浮剂1 500倍液、80%大生可湿性粉剂600倍液、80%山德生可湿性粉剂600倍液、70%甲基托布津可湿性粉剂500倍液喷施。也可选用10%世高水分散粒剂1 000倍液加90%可杀得可湿性粉剂600倍液混合涂抹发病处，或25%爱苗乳油3 000倍液、90%势克乳油6 000倍液、40%福星乳油6 000倍液喷雾。

◆ 根腐病

【症状】 主要为害芦笋根系。育苗时染病表现呈立枯干死状。定植后植株感病则表现在根部，初为浅褐色水渍状局部坏死，如图113，病程加重病斑逐步扩展成茎秆大部分深褐色坏死，逐渐传染到整个根盘，如图114。感病部位潮湿时会有稀疏灰白色霉层。严重时整株萎蔫枯死。

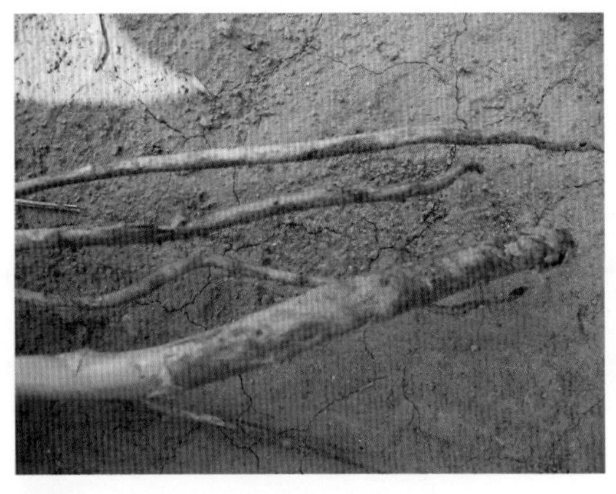

图113 褐色水渍状局部坏死的芦笋根茎

图114 呈褐色病变的芦笋根盘

【发病原因】 病菌以菌丝体、菌核随着病残体在土壤中越冬。借雨水、灌溉水、施肥传播。16～20℃适宜发病。田间积水、排水不畅，土壤湿度过高容易发病。

【救治方法】

1.选择排水良好的地块种植芦笋。应设有排水渠。切忌大水漫灌。

2.及时清除病残体，带出田外集中烧毁。

3.每年春季芦笋出土前，和地下害虫一起用药。采用的药剂为土壤杀菌剂2.5%适乐时悬浮剂每667米^{2}30～40毫升加50%多菌灵可湿性粉剂500克，或10%世高水分散粒剂1500倍液加50%多菌灵可湿性粉剂500倍液喷淋根盘。

五、芦笋生理病害诊断与救治

◆ 弯曲笋

【症状】 采收的嫩茎弯曲，如图115。

【病因】 土壤黏度大、板结、坷垃多、石砾多、培土松紧不一，阻碍了嫩茎的正常生长，形成弯曲笋。嫩茎抽生时受到害虫等损伤也可使芦笋畸形。如负泥虫、椿象等刺吸嫩茎后可造成弯曲笋，如图116。

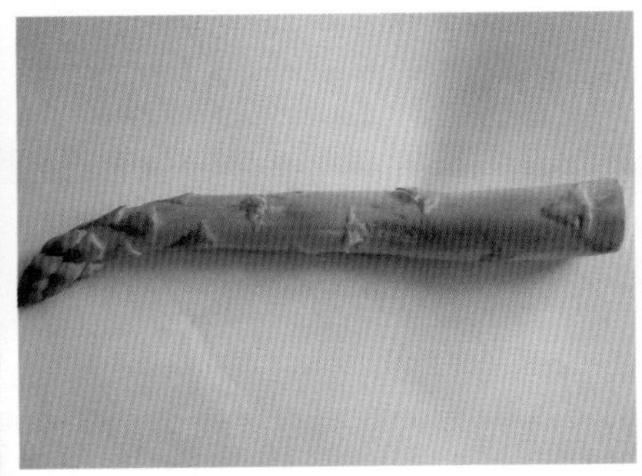

图116 负泥虫刺吸嫩茎造成的弯曲笋

图115 土壤板结阻碍嫩茎生长形成的弯曲茎

【防治措施】 选择沙质壤土地块种植芦笋，精细整地，使土壤中无石砾、无坷垃，土壤疏松，培土松紧一致。注意防治害虫。

◆ 空心笋

【症状】 嫩茎中间组织呈空心状，如图117。

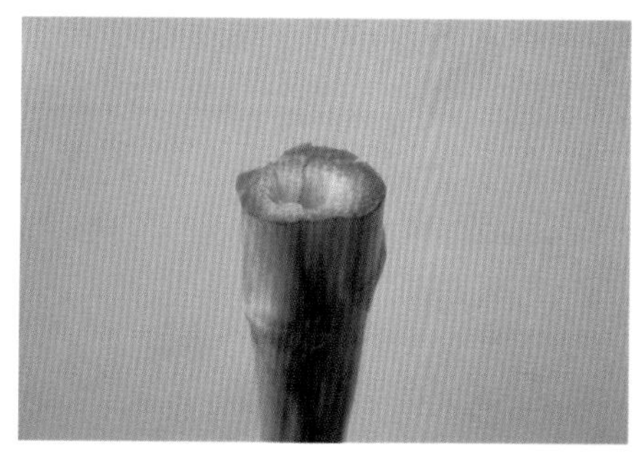

图117 空心笋

【病因】 主要原因是营养供应不足。如春季气温回升很快，而地温尚低，萌发的嫩茎生长速度快，而根系受地温低的影响，水分、养分吸收不能满足嫩茎的快速生长需求而形成空心。采笋期过多追施氮肥，缺少磷、钾肥，也可使芦笋因徒长而造成嫩茎空心。土壤缺硼、过于干旱也易形成空心笋。

【防治措施】 加强肥水管理，注意追施磷、钾肥，不单施氮肥，确保植株有较多的营养供嫩茎生长。若土壤缺硼，生长期应喷施瑞培硼，或持效硼等螯合硼作为根外喷施和追肥，可避免空心笋出现。春季注意保温，可采用地膜覆盖方式提高地温。

◆ 嫩茎开裂

【症状】 嫩茎纵向裂成深口，如图118。

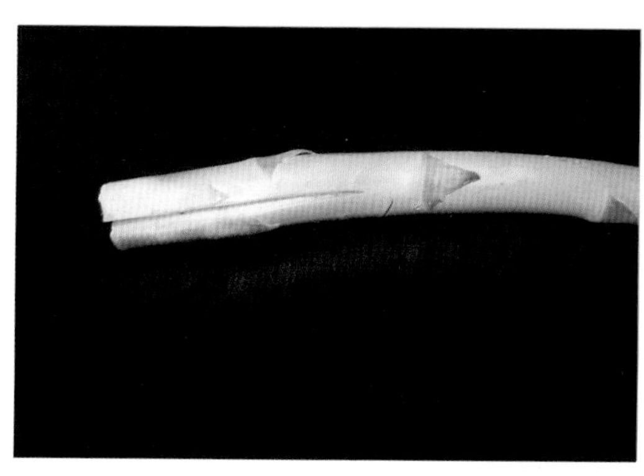

图118 芦笋裂茎

【病因】 开裂的原因主要是久旱缺水，骤然浇水或降雨，使嫩茎增粗膨大过快，而表皮已木栓化不能相应加粗，从而导致开裂。

【防治措施】 均匀浇水，忌忽干忽湿。增施磷、钾肥，如智利优钾、古米钾、瑞培绿等。

◆ 散头笋

【症状】 采收时芦笋笋尖的鳞片应是抱合紧密的，如图119，但有时笋尖鳞片出现抱合不紧密或嫩笋头部包片过早散开的现象，如图120，俗称散头笋。

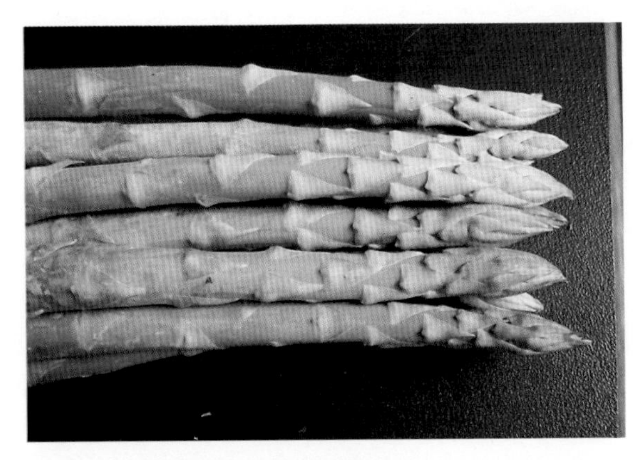

图119 笋尖鳞片抱合紧密的嫩茎

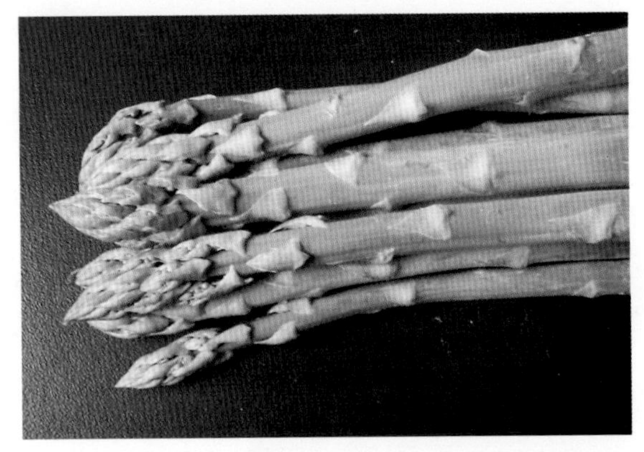

图120 散头笋

【病因】 原因是采收期间气温过高、土壤干燥、水分不足所引起。另外，过度采收或害虫如盲蝽刺吸刚抽出的嫩笋笋尖，也可造成散头笋，如图121。

【防治措施】 防止过度采笋，及时浇水补充水分，高温时期提前浇灌降低土温。适时喷药治虫。

图 121 负泥虫为害形成的散头笋

◆ 生理性萎蔫

【症状】 在晴好天气下，母茎嫩梢失水萎蔫，如图 122、图 123。

【病因】 主要原因是高温强光下，地上部蒸腾量加大，根系吸水能力跟不上地上部的蒸腾，而导致嫩梢萎蔫。春季采笋期间，在晴好天气下，也会出现嫩茎萎蔫现象，如图 122、图 123。这是因为春季地温回升较慢，根系生存在土壤深部，土壤温度上升较慢，这时的根系吸收输送功能活动跟不上地上部的植株水分蒸腾和养分的需求。气温升高过快，或遇上晴好天气，强光暴晒，嫩茎就会因蒸腾造成脱水性萎蔫，如图 124。

图 122 母茎嫩梢萎蔫

【防治措施】 选择疏松透

气的沙壤或中壤土种植芦笋，勤中耕，早春覆盖地膜，提高地温，提高根系活力。

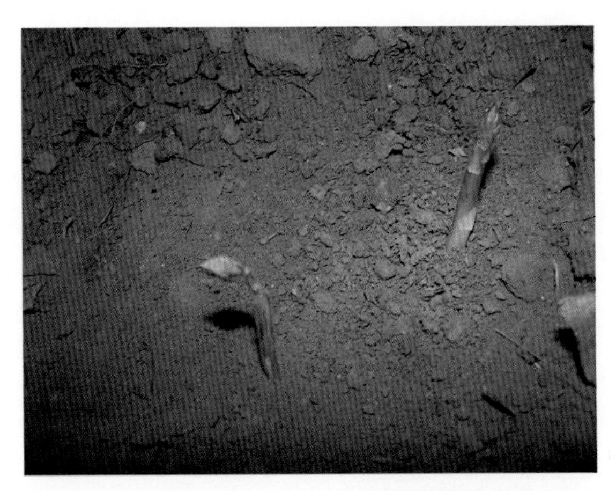

图123 田间萎蔫的嫩茎和生长正常的嫩茎

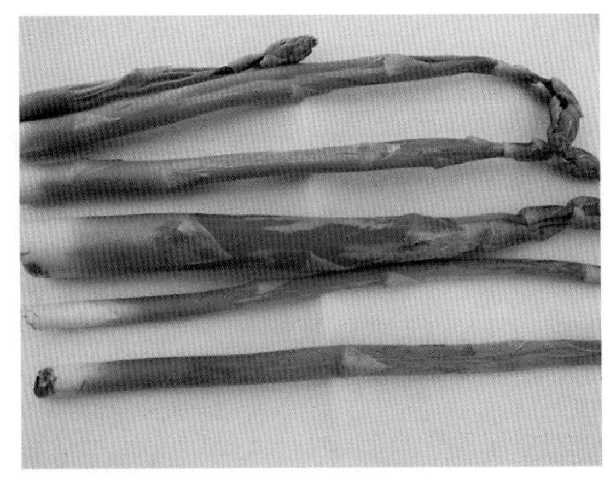

图 124 萎蔫的嫩茎

六、芦笋虫害与防治

◆ 负泥虫

【为害状】 以幼虫、成虫取食为害芦笋的幼苗和嫩茎，如图 125，严重时会把枝茎吃成光秆，致使嫩茎没有商品价值。取食后的芦笋会留有食道，如图 126，嫩茎弯曲，茎秆鳞片松散不抱头，如图 127。

【防治】

药剂防治：采用20%高效氯氰菊酯乳油1 500倍液，或5%功夫水剂1 500倍液，或 5%劲彪乳油 1 500 倍液，或 48%乐斯本乳油 1 500 倍液喷施。

图 125　负泥虫成虫

图126　负泥虫取食芦笋后留下的食道

图127　受害的嫩茎弯曲、鳞片松散不抱头

◆ 蚜虫

【为害状】 蚜虫群集在芦笋的植株生长点幼嫩部位，刺吸植株的汁液，造成节间缩短的缩顶现象。

【防治】

生物防治：有条件的地方建议施放寄生蜂治虫，每667米^{2}放蜂5 000头。

设置蓝、黄板诱蚜：就地取简易板材将黄漆刷板后涂上机油吊至棚中，30～50米^{2}挂一块诱蚜板。

药剂防治：育苗阶段的幼苗可采用25%阿克泰粒剂2 000倍液淋灌苗盘。或铺设银灰膜避蚜。可选用25%阿克泰水分散粒剂3 000～4 000倍液，或1%印楝素水剂800倍液，或48%乐斯本乳油3 000倍液，或2.5%功夫水剂1 500倍，或10%吡虫啉可湿性粉剂1 000倍液喷施.。

◆ 棉铃虫、夜蛾类

【为害状】 棉铃虫和夜蛾类害虫是杂食性害虫。幼虫取食芦笋地上部位啃食茎秆和皮层，如图128，大龄幼虫食量大，被啃食的植株生长细弱，如图129，对生根有很大影响，植株枯黄。

图128 棉铃虫幼虫啃食芦笋枝秆

图129 被棉铃虫啃食的芦笋细弱

【防治】

1.生物防治：利用害虫的趋避性用杀虫灯杀虫，如图130，每33 350米^2（50亩）设置一盏杀虫灯。也可制造糖醋液诱杀。

2.药剂防治：采收时防虫，对于大龄虫可以人工捕捉。留母茎后的芦笋，此时进入7～8月份可以采用喷药治虫。可选用5%美除乳油2 000倍液，或25%灭幼脲悬浮剂1 000倍液，或40%农地乐乳油2 000倍液喷施。苗期的防虫，可选用持效期长的30%度锐悬浮剂1 500倍液灌根防治。

图130 笋田设置的杀虫灯

◆ 蛴螬、金针虫

【为害状】 幼虫啃食芦笋嫩茎，咬断嫩茎基部，如图131。致使嫩茎萎蔫，容易拔出，可见啃食茎断部位。金针虫为害嫩茎时会啃食钻洞，如图132，致使嫩茎萎蔫，造成田间缺苗断垄。

图131 蛴螬啃食芦笋咬断嫩茎状

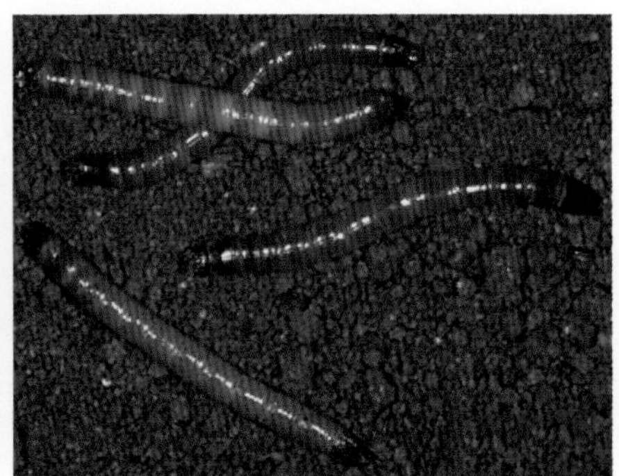

图132 金针虫幼虫

【防治】

1.施用的农家肥一定要腐熟，避免将幼虫和虫卵带入笋田。

2.吊挂黑光灯诱杀成虫。方法见棉铃虫的生物防治。

3.药剂防治：春季芦笋出土前大约在3月底4月初，扒垄晾晒根盘时用40%辛硫磷乳油500毫升对水500千克喷淋根盘和周围土壤，喷后必须立即盖土，以避免药剂见光分解降低药效。

七、芦笋病害防治大处方

◆ 留母茎后的病害防治大处方

● 白芦笋

用药原则：对于2年以上的白芦笋，开始放秧留母茎后，当母茎长到3～5厘米的时候，用10%世高水分散粒剂1 000倍液涂茎或淋茎并用药液喷施土壤表面，进行预防性封杀。涂茎或淋茎5天后开始喷药，方案如下。

第一步，用12.5%烯唑醇乳油1 000倍液加50%多菌灵可湿性粉剂800倍液喷施，5～7天1次。间隔5天后再进行第二次，可视具体情况掌握间隔长短，以此类推。

第二步，用10%世高水分散粒剂1 500倍液加68%金雷水分散粒剂1 000倍液喷施。

第三步，用50%多菌灵可湿性粉剂1 000倍液加75%达科宁可湿性粉剂500倍液喷施。

第四步，用10%世高水分散粒剂1 500倍液加70%代森锰锌可湿性粉剂600倍液喷施。

第五步，用25%阿米西达悬浮剂1 500倍液喷施。

随着芦笋茎叶的不断生长，表皮老化，以后的用药可以适当延长到7天喷一次药剂。其他可以选择的药剂有64%杀毒矾可湿性粉剂、70%甲基托布津可湿性粉剂、80%代森锌可湿性粉剂、50%抑菌净可湿性粉剂、75%百菌清可湿性粉剂等。

● 绿芦笋

用药原则：对于2年以上的芦笋，放秧（留母茎）后，当母茎长到20

厘米左右时，用10%世高水分散粒剂1 000倍液涂抹嫩茎，或用10%世高水分散粒剂1 500倍液加75%达科宁可湿性粉剂500倍液喷雾。放秧(留母茎)半月后每5天喷一次药，放秧1个月后每7天喷一次药，40天后延长到10～15天喷一次药。芦笋生长期内每次降雨后必须要喷施一次杀菌剂，同时注意：留好母茎后，除全力保护母茎植株健康生长进行药剂涂茎和淋灌外，对于后来陆续生出的嫩笋，要出一个采一个，这样防病效果会理想。

操作步骤：药剂涂茎后，间隔2～3天开始。

第一步，用75%达科宁可湿性粉剂500倍液加50%多菌灵可湿性粉剂800倍液喷施。

第二步，用10%世高水分散粒剂1 500倍液加68%金雷水分散粒剂1 000倍液喷淋茎基部的土壤和嫩茎，然后向茎基部培土做垄。

第三步，用25%阿米西达悬浮剂1 500倍液喷施。

第四步，用10%世高水分散粒剂1 500倍液加70%代森锰锌可湿性粉剂600倍液喷施。

随着芦笋茎叶的不断生长，表皮老化，以后的用药可以适当延长到5天喷一次药剂。其他可以选择的药剂有64%杀毒矾可湿性粉剂、70%甲基托布津可湿性粉剂、80%代森锌可湿性粉剂、50%抑菌净可湿性粉剂、75%百菌清可湿性粉剂等。

芦笋病害防治大处方的应用效果如图133、图134。

图133　架好的优质芦笋基地

图134　丰产的芦笋地

◆ 芦笋种子药剂包衣防病配方

用6.25%亮盾悬浮种衣剂10毫升，或2.5%适乐时悬浮剂10毫升加35%金普隆乳化拌种剂2毫升对水150～200毫升可包衣3千克芦笋种子。

◆ 营养土消毒杀菌处方

营养土消毒可用甲醛晶体100克/米^{3}或2.5%适乐时悬浮剂20毫升加68%金雷可湿性粉剂50克对水15升即一喷雾器水，或50%多菌灵可湿性粉剂500倍液，进行一层营养土，喷一遍药液，层层喷洒，将药液与营养土混匀，并用塑料薄膜盖严，密闭7～10天。之后揭开薄膜，如图52，翻倒营养土，晾晒至无药味后装营养钵。

八、常用农药商品名与通用名对照表

作用类型	商品名称	通用名称	剂　型	含　量（%）	生产厂家
杀菌剂	金雷	精甲霜灵·锰锌	水分散粒剂	68	先正达公司
杀菌剂	世高	苯醚甲环唑	水分散粒剂	10	先正达公司
杀菌剂	适乐时	咯菌腈	悬浮剂	2.5	先正达公司
杀菌剂	百菌清	百菌清	可湿性粉剂	75	云南化工厂等
杀菌剂	达科宁	百菌清	可湿性粉剂	75	先正达公司
杀菌剂	福尔马林	甲醛	晶体	40	上海试剂厂
杀菌剂	代森锌	代森锌	可湿性粉剂	80	国产厂家
杀菌剂	多菌灵	多菌灵	可湿性粉剂	50	江苏新沂
杀菌剂	甲基托布津	甲基硫菌灵	可湿性粉剂	70	日本曹达 江苏新沂等
生长调节剂	碧护	赤吲乙芸	可湿性粉剂	3.4	德国马克普兰
杀菌剂	金普隆	精甲霜灵	乳化拌种剂	35	先正达公司
杀菌剂	抑菌净	甲托＋苯醚甲环唑	可湿性粉剂	72	国内厂家
杀菌剂	阿米西达	嘧菌酯	悬浮剂	25	先正达公司
杀菌剂	杀毒矾	噁霜·锰锌	可湿性粉剂	64	先正达公司
杀菌剂	大生	代森锰锌	可湿性粉剂	80	美国陶氏公司
杀菌剂	山德生	代森锰锌	可湿性粉剂	80	先正达公司
杀菌剂	福星	氟硅唑	乳油	40	美国杜邦
杀菌剂	阿米多彩	嘧菌酯＋百菌清	悬浮剂	56	先正达公司

（续）

作用类型	商品名称	通用名称	剂　型	含　量（%）	生产厂家
杀菌剂	阿米妙收	苯醚甲环唑·嘧菌酯	悬浮剂	32.5	先正达公司
杀菌剂	萎菌净	枯草芽孢杆菌	可湿性粉剂	10亿活孢子/克	河北科绿丰
杀菌剂	扑海因	异菌脲	可湿性粉剂	50	拜耳公司
杀菌剂	可杀得	氢氧化铜	可湿性粉剂	90	美国固信
杀菌剂	爱苗	苯醚甲环唑·丙环唑	乳油	30	先正达公司
杀菌剂	品润	代森锌	干悬浮剂	70	巴斯夫公司
杀菌剂	势克	苯醚甲环唑	乳油	90	先正达公司
杀菌剂	亮盾	咯菌腈＋金甲霜灵	悬浮剂	6.25	先正达公司
杀虫剂	功夫	三氟氯氰菊酯	水剂	2.5	先正达公司
杀虫剂	阿克泰	噻虫嗪	水分散粒剂	25	先正达公司
杀虫剂	美除	虱螨脲	乳油	5	先正达公司
杀虫剂	吡虫啉	吡虫啉	可湿性粉剂/	10	威远生化
杀虫剂	劲彪	三氟氯氰菊酯	乳油	5	先正达公司
杀虫剂	乐斯本	毒死蜱	乳油	48	陶氏公司
杀虫剂	印楝素	印楝素	水剂	1.0	陕西西农
杀虫剂	高效氯氰菊酯	氯氰菊酯	乳油	10	江苏扬州
杀虫剂	度锐	氯虫苯甲酰胺·噻虫嗪	悬浮剂	30	先正达公司
杀虫剂	辛硫磷	辛硫磷	乳油	40	天津农药厂
杀虫剂	农地乐	毒死蜱，氯氰菊酯	乳油	40	美国陶氏公司
杀虫剂	灭幼脲	除虫脲	悬浮剂	25	吉林通化

图书在版编目（CIP）数据

图说芦笋栽培与病虫害防治／孙茜，乜兰春主编．—北京：中国农业出版社，2009.8
（无公害蔬菜栽培实战丛书）
ISBN 978-7-109-14136-0

Ⅰ.图…　Ⅱ.①孙…②乜…　Ⅲ.①石刁柏－蔬菜园艺－图解②石刁柏－病虫害防治方法－图解　Ⅳ.S644.6-64 S436.44-64

中国版本图书馆 CIP 数据核字（2009）第 139836 号

中国农业出版社出版
（北京市朝阳区农展馆北路 2 号）
（邮政编码 100125）
责任编辑　张洪光

中国农业出版社印刷厂印刷　　新华书店北京发行所发行
2009 年 8 月第 1 版　　2009 年 8 月北京第 1 次印刷

开本：880mm × 1230mm 1/32　　印张：2.5
字数：66 千字　　印数：1～8 000 册
定价：15.00 元

推荐图书

番茄疑难杂症图片对照诊断与处方（重印改正版）
黄瓜疑难杂症图片对照诊断与处方
茄子疑难杂症图片对照诊断与处方
辣（甜）椒疑难杂症图片对照诊断与处方
草莓疑难杂症图片对照诊断与处方
甜瓜疑难杂症图片对照诊断与处方
西瓜疑难杂症图片对照诊断与处方
水稻病虫草害防治原色生态图谱
蔬菜病虫害防治原色生态图谱
柑橘病虫害防治原色生态图谱
梨树病虫害防治原色生态图谱
柿树病虫害防治原色生态图谱
西瓜病虫害防治原色生态图谱
茶树病虫害防治原色生态图谱
花卉病虫害防治原色生态图谱
药用植物病虫害防治彩色图谱
园林花卉病虫害防治彩色图谱

现代蔬菜病虫鉴别与防治手册（全彩版）

◇ 图片对照—形象化　◆ 栽培技术—“傻瓜”化

◇ 方案处方—简约化　◆ 语言文字—百姓化

无公害蔬菜栽培实战丛书

图说棚室甜瓜栽培与病虫害防治

图说棚室番茄栽培与病虫害防治

图说棚室黄瓜栽培与病虫害防治

图说棚室辣(甜)椒栽培与病虫害防治

图说棚室茄子栽培与病虫害防治

图说芦笋栽培与病虫害防治

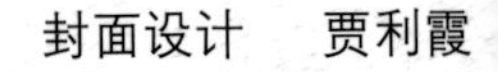

ISBN 978-7-109-14136-0

定价：15.00元